Inhaltsverzeichnis

An der Seitenfarbe kannst du erkennen, worum es gerade geht: **Zahlen und Operationen** **Größen** **Geometrie**

Die Aufgaben sind so nummeriert: (1)

Hier ist es etwas schwieriger: [2]

So erkennst du eine knifflige Aufgabe: △3

Auf den gelben Zetteln findest du die Lösungen: ○ 1 2 3

(1)

3	↓

3	→

3	←

3	↑

(2)

2	→
1	↓
3	→

4	↓
2	→
1	↓

5	←
2	↑
1	→

4	↑
2	→
1	↓

(3)

3 → 2 ↓ 3 ← 2 ↑

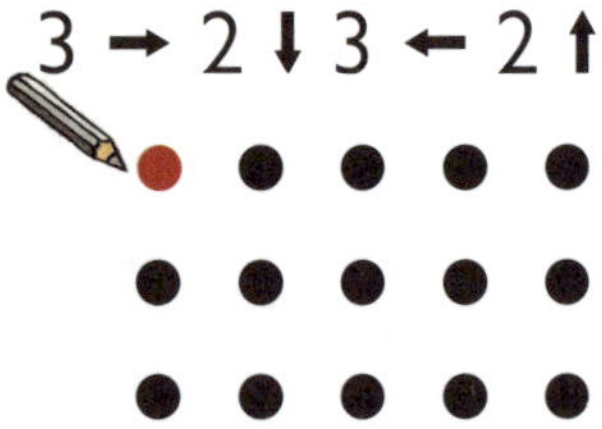

1 → 1 ↓ 1 ← 1 ↑

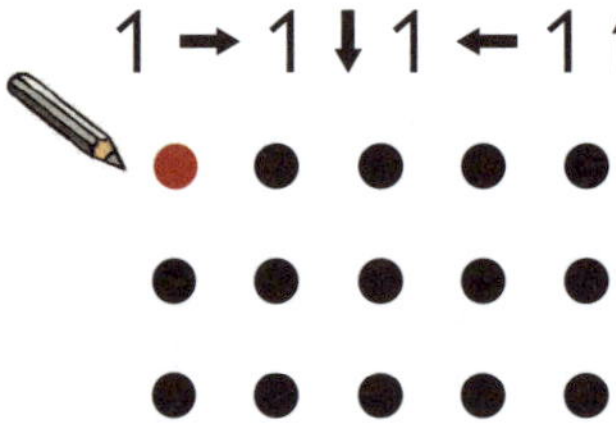

1 → 1 ↓ 1 → 1 ↓

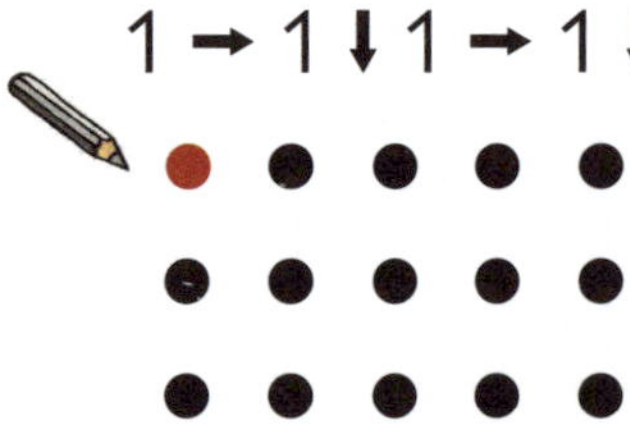

1 und 2: Wege nach Vorgabe gehen, Zielfigur benennen und malen; Lage der Figuren in Beziehung zu den anderen Figuren beschreiben
3: Punkte nach Vorgabe mit geraden Linien verbinden

LB ▷ 6–7 TÜ ▷ 2–3

1

2

3

links ← → rechts

1 und 2: Anzahl bestimmen, Strichliste 3: Richtung bestimmen

LB ▶ 6–9 TÜ ▶ 4

Die Zahlen 1 und 2

①

②

①

②

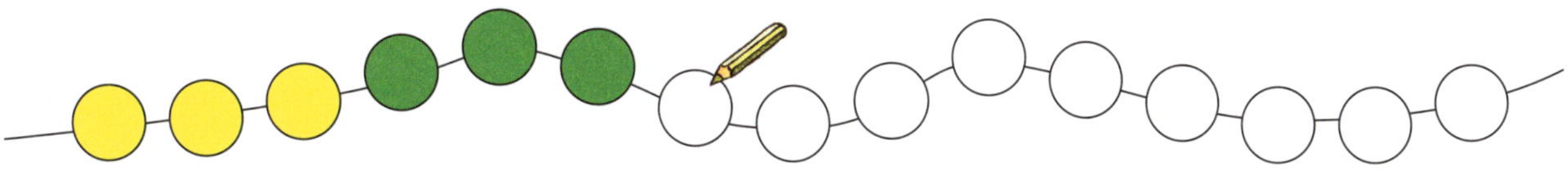

③

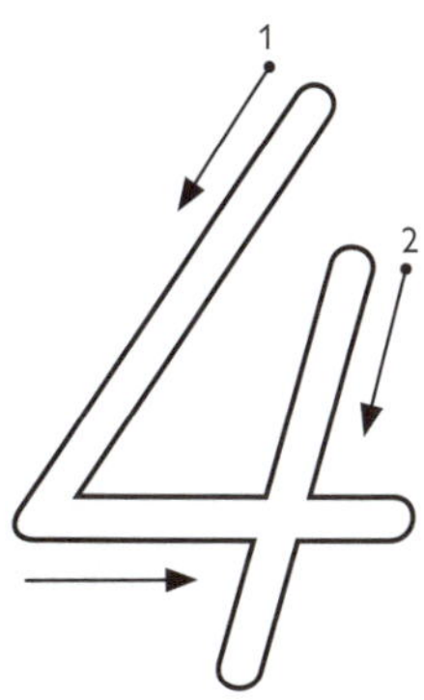

④

4

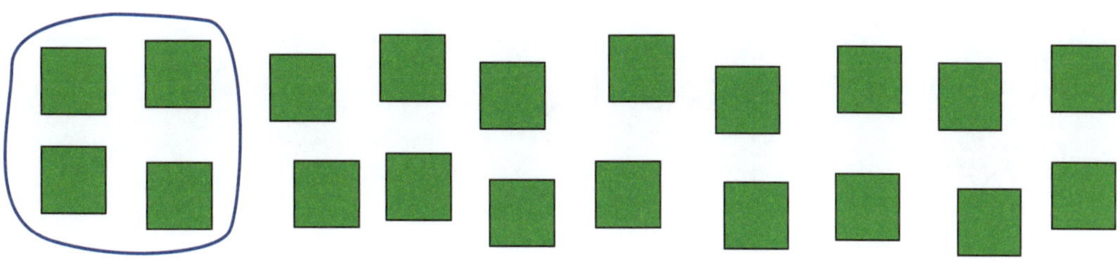

1 und 3: Ziffernschreibweise, Zehnerstreifen färben 2: Kreise nach Vorgabe färben 4: Immer vier Figuren einkreisen

LB ▶ 12–13 TÜ ▶ 5

Die Zahlen 5 und 6

1

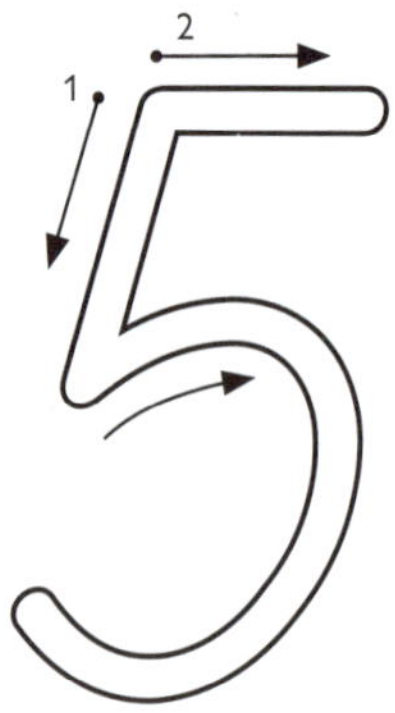

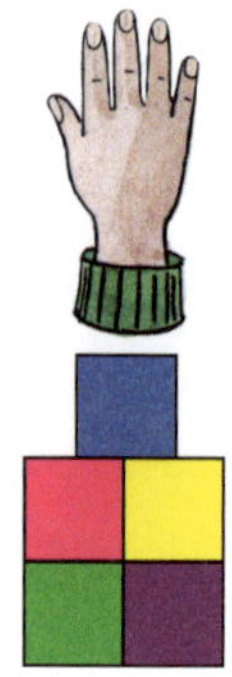

2

5

5

5

3

4

6

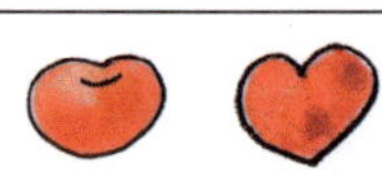

6

6

1 und 3: Ziffernschreibweise, Zehnerstreifen färben 2: Fünfermengen kennzeichnen 4: Sechsermengen zeichnen

LB ▶ 14–15 TÜ ▶ 6

1

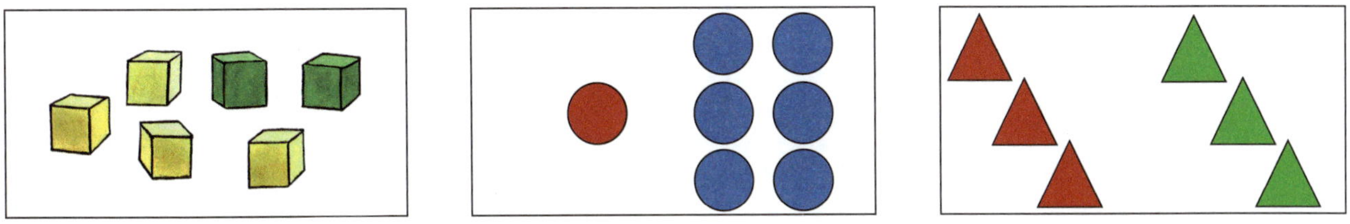

4 2 | 1 6 | 3 3

2

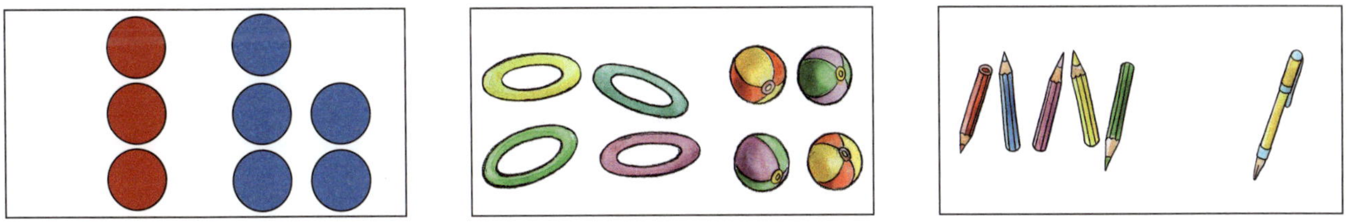

3

6 6 | 3 1 | 2 5

4

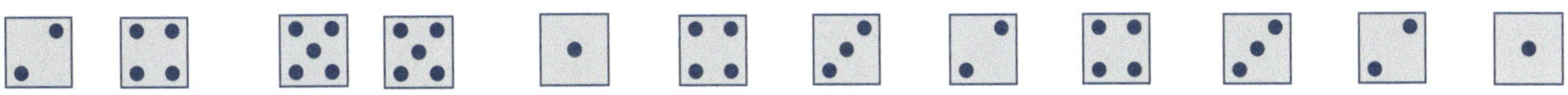

2 4 | 5 =

5

1 < 3	4 2	5 3	2 2	6 1
3 5	2 4	6 5	3 1	2 5
2 6	5 5	5 1	3 2	1 1

6

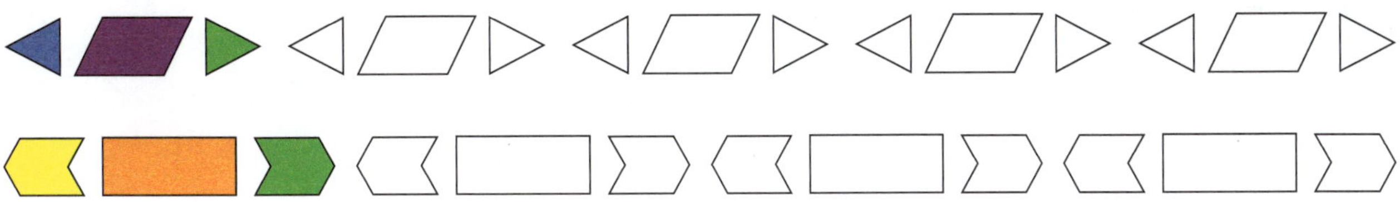

1: Relationszeichen setzen 2: Zahlen den Mengen zuordnen, Relationszeichen setzen 3: Mengen den Zahlen zuordnen und Relationszeichen setzen
4: Zahlen zuordnen und Relationszeichen setzen 5: Relationszeichen setzen 6: Muster erkennen und färben

LB 16–17 TÜ 7

Zerlegen von Mengen und Zahlen

1
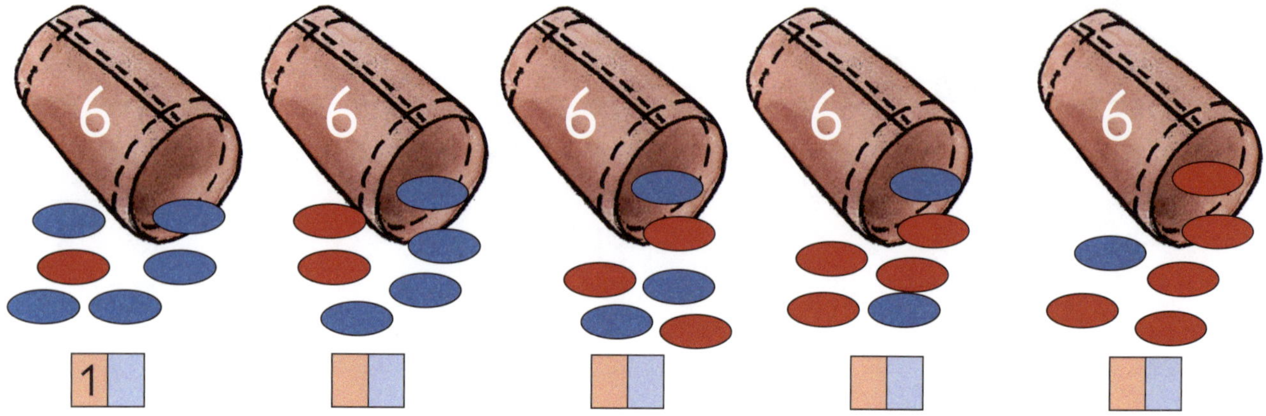

2
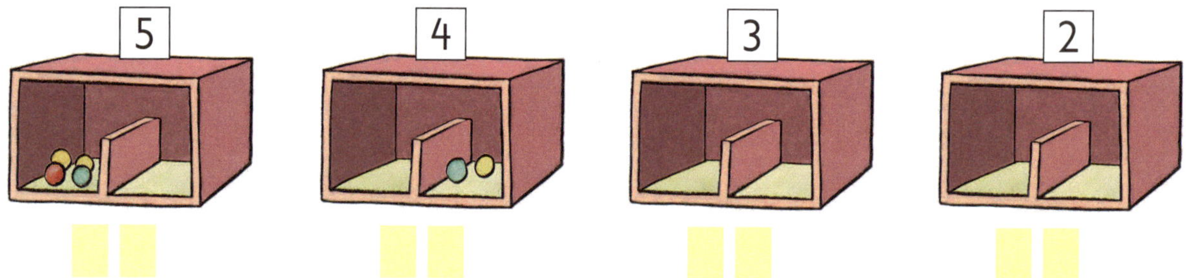

3

4
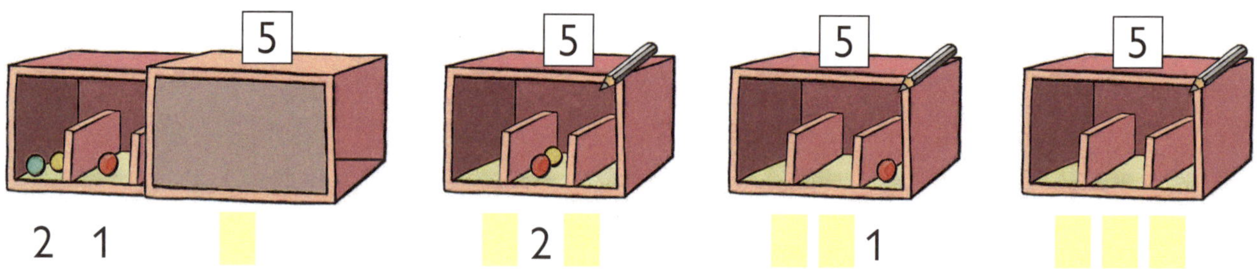

5
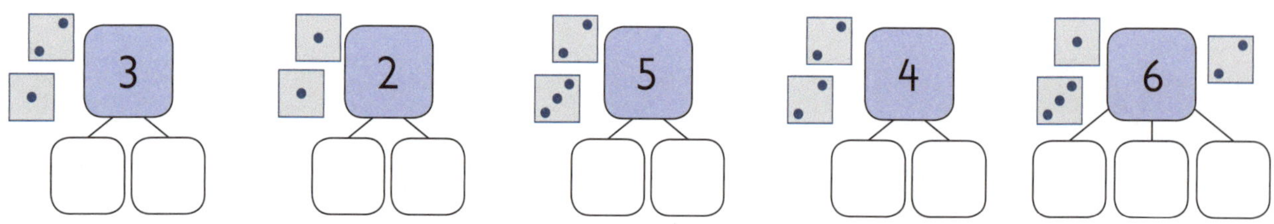

1: Anzahl erfassen, Zerlegung erkennen, Zahlen zuordnen 2: Mengenaufteilung (-zerlegung) malen, Zahlen zuordnen
3 und 4: Zerlegungsmöglichkeiten malen und mit Zahlen darstellen 5: Zerlegung eintragen

LB ▶ 18–19 TÜ ▶ 8

①

___ + ___ = ___

___ + ___ = ___

___ ◯ ___ = ___

___ ◯ ___ = ___

___ ◯ ___ = ___

②

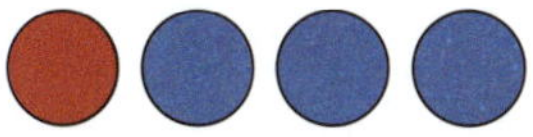

___ ◯ ___ = ___

___ ◯ ___ = ___

___ ◯ ___ = ___

③

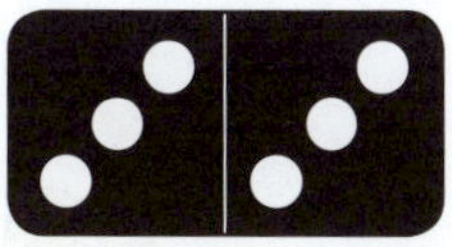

___ ◯ ___ = ___

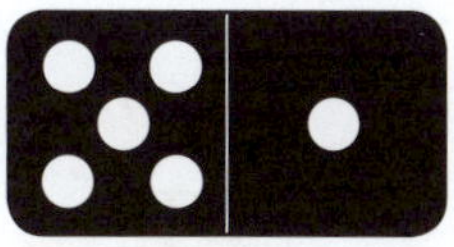

___ ◯ ___ = ___

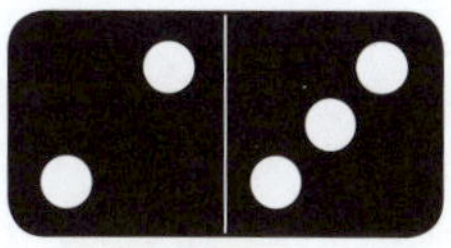

___ ◯ ___ = ___

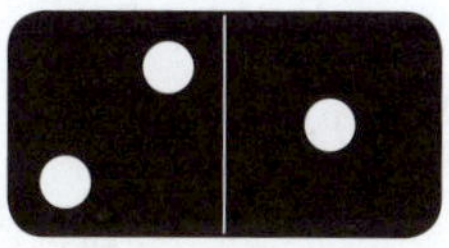

___ ◯ ___ = ___

④

2 + 3 = ___
4 + 1 = ___
3 + 3 = ___
1 + 4 = ___
2 + 2 = ___

1 + 3 = ___
2 + 4 = ___
2 + 1 = ___
3 + 2 = ___
1 + 2 = ___

3 + 1 = ___
4 + 2 = ___
1 + 2 = ___
1 + 5 = ___
5 + 1 = ___

3 + ___ = 5
2 + ___ = 4
1 + ___ = 6
3 + ___ = 6
2 + ___ = 5

⑤

6

6

___ + 4 = 6
___ + 3 = 4
___ + 2 = 5
___ + 1 = 6
___ + 3 = 5

1 bis 3: Additionsaufgaben zum Bild finden, malen, aufschreiben und lösen 2 und 3: Additionsaufgaben finden, aufschreiben und lösen
4: Additionsaufgaben lösen 5: Zur 6 ergänzen 6: Ergänzen
LB ▸ 20–21 TÜ ▸ 9–10

1

4

1 + 3 = ☐
3 + ☐ = ☐
2 + ☐ = ☐

5

2 + ☐ = ☐
1 + ☐ = ☐
3 + ☐ = ☐
4 + ☐ = ☐

2

6

☐ + ☐ = ☐
☐ + ☐ = ☐
☐ + ☐ = ☐
☐ + ☐ = ☐
☐ + ☐ = ☐

3

+	1	3	2
2			
3			
1			

4

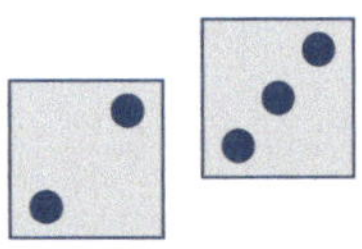

2 + ☐ = ☐
3 + ☐ = ☐

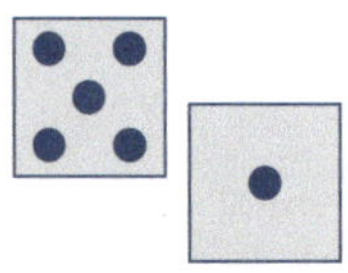

☐ + ☐ = ☐
☐ + ☐ = ☐

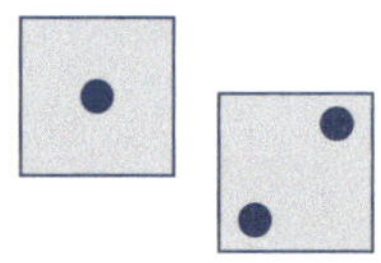

☐ + ☐ = ☐
☐ + ☐ = ☐

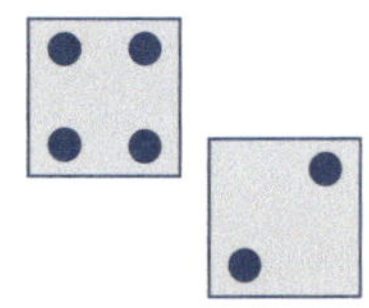

☐ + ☐ = ☐
☐ + ☐ = ☐

5

4 + ☐ = ☐
☐ + 4 = ☐

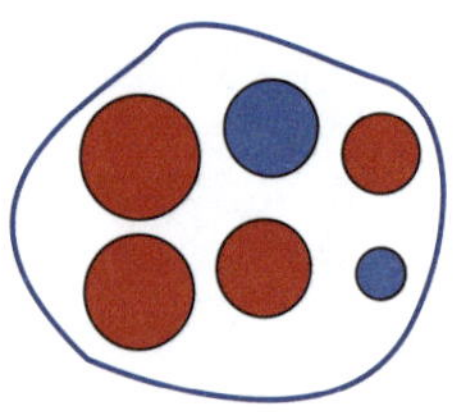

4 + ☐ = ☐
☐ + 4 = ☐

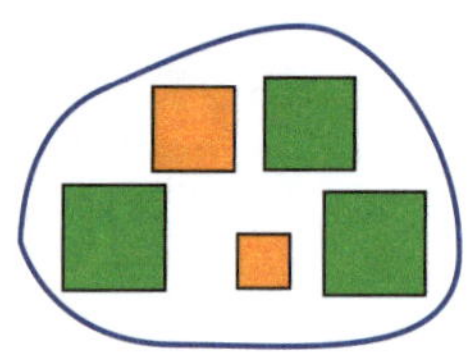

☐ + ☐ = ☐
☐ + ☐ = ☐

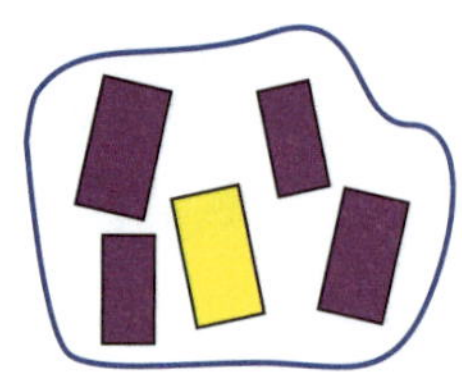

☐ + ☐ = ☐
☐ + ☐ = ☐

6

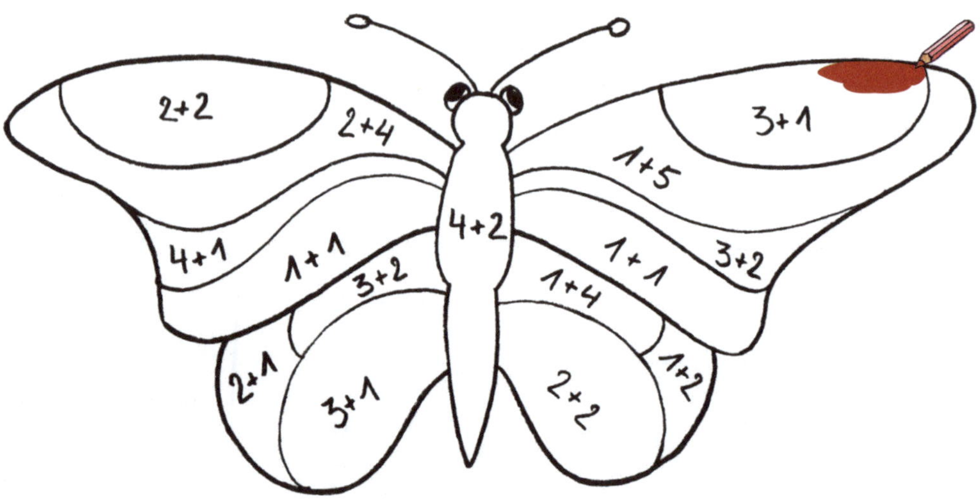

6
4
3
5
2

1 und 2: Platzhalter bestimmen 3: Summe berechnen 4 und 5: Aufgabe und Tauschaufgabe finden und lösen
6: Additionsaufgaben lösen, Ergebnis nach Vorgabe färben

LB 22–23 TÜ 11

①

6 − ___ = ___

___ − ___ = ___

②

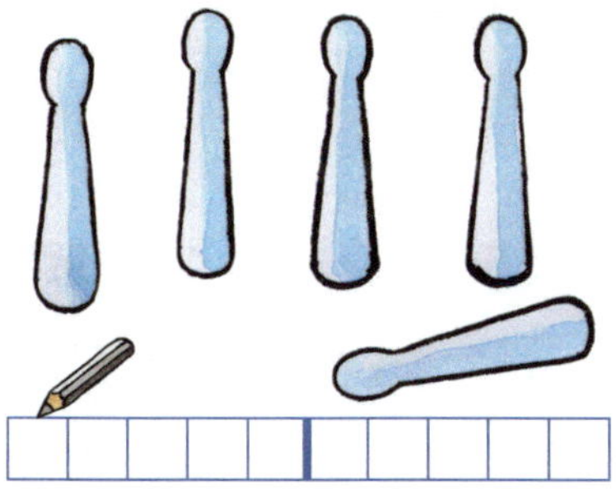

5 − 1 = ___

___ − ___ = ___

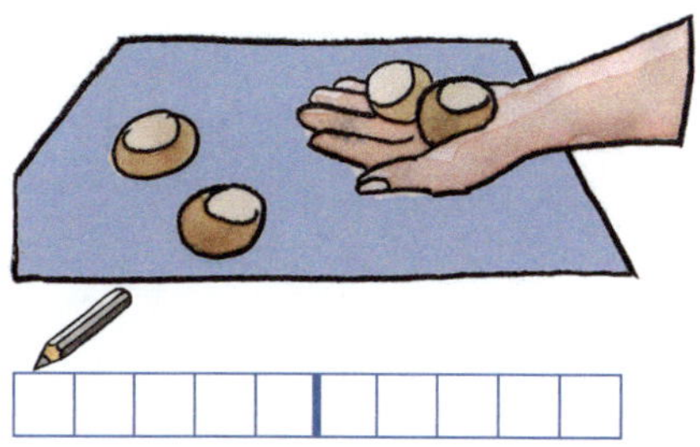

___ ◯ ___ = ___

③

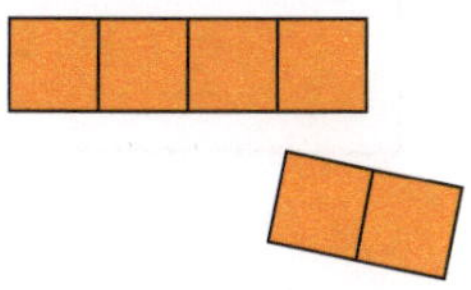

___ ◯ ___ = ___

___ ◯ ___ = ___

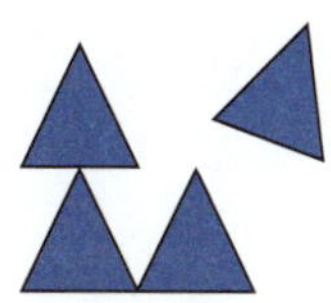

___ ◯ ___ = ___

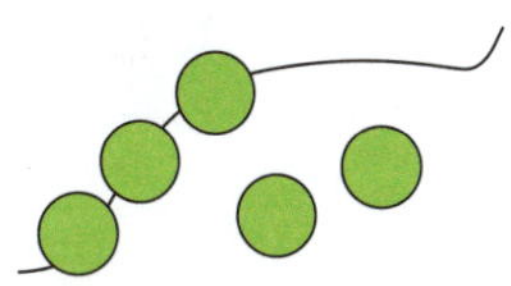

___ ◯ ___ = ___

④
6 − 3 = ___
4 − 1 = ___
5 − 3 = ___
3 − 1 = ___
5 − 4 = ___

5
4 − ___ = 2
6 − ___ = 5
3 − ___ = 1
5 − ___ = 2
2 − ___ = 1

___ − 3 = 2
___ − 4 = 1
___ − 1 = 5
___ − 2 = 4
___ − 3 = 1

◯ 1 2 2 3 3

▢ 1 2 3 1 2
6 5 6 5 4

⑥ Wie heißt die Summe aus 4 und 2? ___ ◯ ___ = ___

1 bis 3: Aufgaben zum Bild finden, malen, aufschreiben und lösen
4 und 5: Subtraktionsaufgaben lösen 6: Gleichung aufschreiben und lösen
LB 24–26 TÜ 12

1

6 − 3 = ▢ 5 − 2 = ▢ 6 − 5 = ▢ 4 − 2 = ▢ 5 − 2 = ▢

2

6 − 4 3 + 2 2 + 1 1 + 1

6 − 2

6 − 3

5 − 1 2 + 2 1 + 4

3

3 + 2 = ▢ 1 + 5 = ▢
6 − 4 = ▢ 5 − 3 = ▢
3 + 3 = ▢ 4 + 2 = ▢
1 + 5 = ▢ 6 − 5 = ▢

4

▢ − 3 = 3 6 − ▢ = 1
2 + ▢ = 6 ▢ + 4 = 5
6 − ▢ = 4 5 − ▢ = 2
▢ + 2 = 3 ▢ − 2 = 4

○	5	6	6	2
	1	6	2	6
▢	6	2	4	6
	3	1	1	5

5

▢	
1	4

▢	
3	2

▢	
2	4

6	
2	▢

5	
▢	2

▢	
3	3

6

−	2	4	3
5			
6			

+			1
2	4		
3		6	

−	3		
6			5
4		2	

1: Punkte wegstreichen, Aufgabe zuordnen und lösen 2: Lösungen den Aufgaben zuordnen und entsprechend färben
3 und 4: Addieren und Subtrahieren 5: Rechenmauern lösen 6: Tabellen ergänzen

LB ▶ 27 TÜ ▶ 13–14

①

□ + □ = □

□ + □ = □

□ − □ = □

□ − □ = □

② Lege und rechne.

4 + 2 = □	1 + 2 = □
3 − 1 = □	4 − 3 = □
2 + 2 = □	2 − 1 = □
1 + 5 = □	3 + 2 = □
5 − 3 = □	1 + 4 = □

3

	6	
4	□	
3	□	□

	6	
□	□	
□	□	□

○ 5 5 4 6 3
2 1 1 6 2

④

6 − □ = □

2 + □ = □

⑤

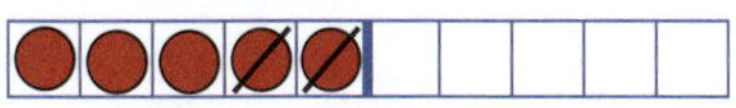
5 − 2 = □
3 + 2 = □

6 − 3 = □
3 + □ = □

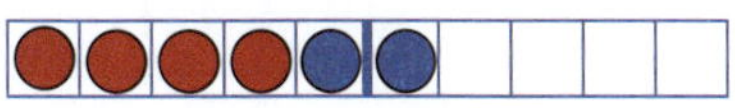
4 + 2 = □
□ − □ = □

□ + □ = □
□ − □ = □

⑥

4 —(+2)→ □ —(−2)→ 4
4 + 2 = □
□ − 2 = □

3 —(+2)→ □ —(−2)→ 3
3 + 2 = □
□ − 2 = □

1 —(+ □)→ 4 —(− □)→ 1
1 + □ = 4
4 − □ = □

6 —(−4)→ □ —(+4)→ 6
6 − 4 = □
□ + 4 = □

1

5 − 1 = ☐

4 − 2 = ☐

2 − 2 = ☐

2

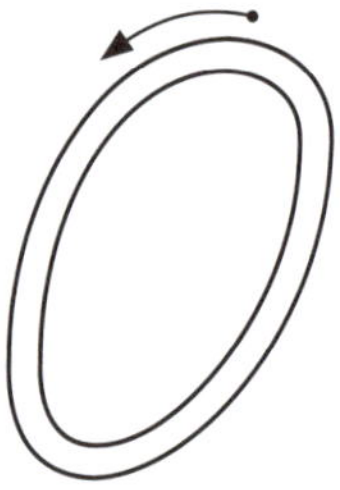

3

0	1	2	3					4	2	0	3

4

3 + 1 = ☐	4 − 1 = ☐	2 + 2 = ☐
4 + 2 = ☐	5 − 2 = ☐	5 − 3 = ☐
0 + 5 = ☐	3 − 0 = ☐	4 + 1 = ☐
3 + 3 = ☐	6 − 2 = ☐	6 − 6 = ☐
6 + 0 = ☐	4 − 4 = ☐	0 + 3 = ☐

5

Rechenmauer: oben ☐; unten 3 | 0

Rechenmauer: oben 6; unten 2 | ☐

Rechenmauer: oben ☐; unten 5 | 0

6

0 1 2 3 4 5 6 0

1

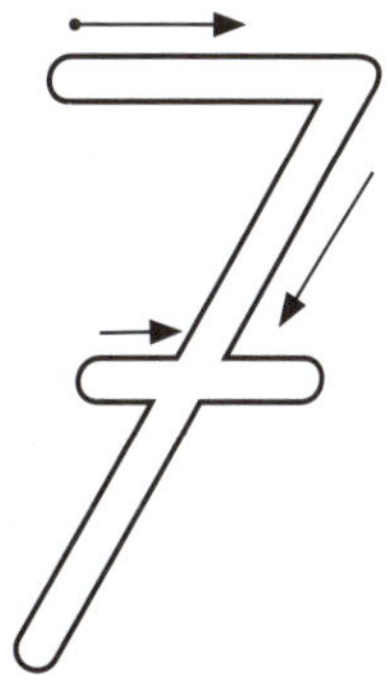

2

7

7

3

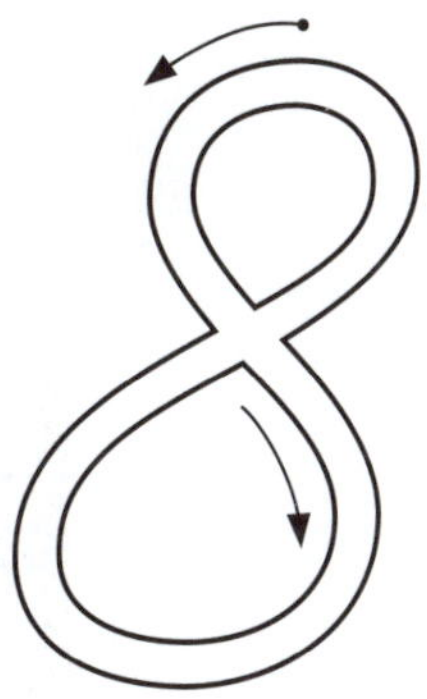

4

8

8

1 und 3: Ziffernschreibweise, Zehnerstreifen färben 2 und 4: Anzahl nach Vorgabe zeichnen
LB 34–35 TÜ 17

①

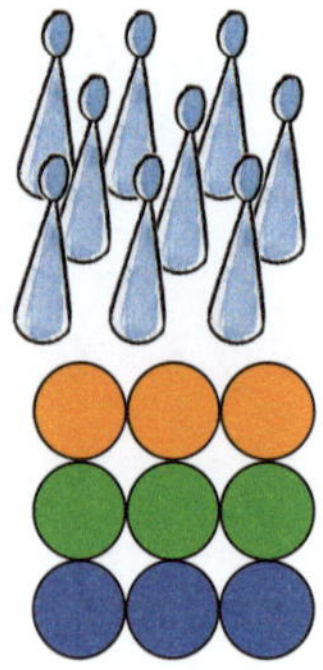

②

9

9

③

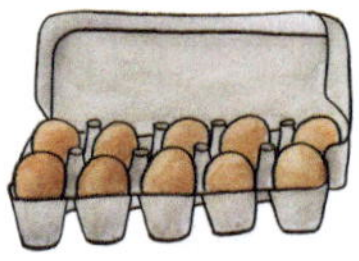

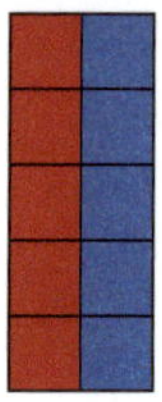

④

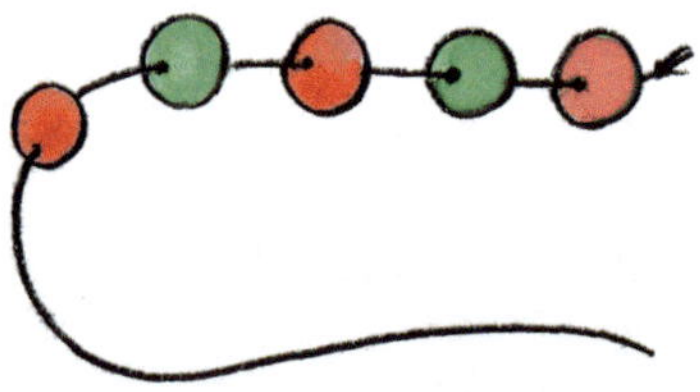

10

10

①

②

3

= 6 | > | 7 <

④

2		8	2		8	10		6	4		5	3		1
5		3	5		9	2		4	3		3	6		9
7		7	3		7	8		3	0		2	2		7
5		0	10		1	7		5	8		6	5		5
9		4	4		4	9		0	9		5	0		4

5

8 >

4 <

7 <

9 >

0 =

⑥

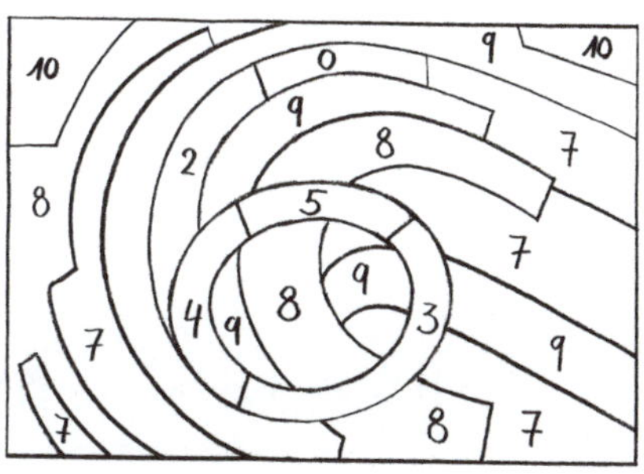

< 6

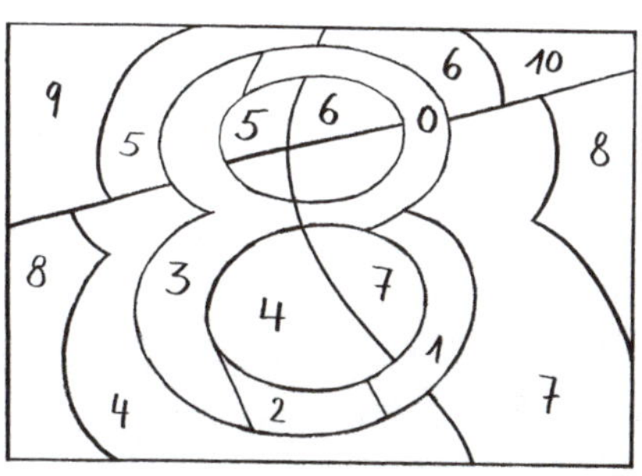

< 3

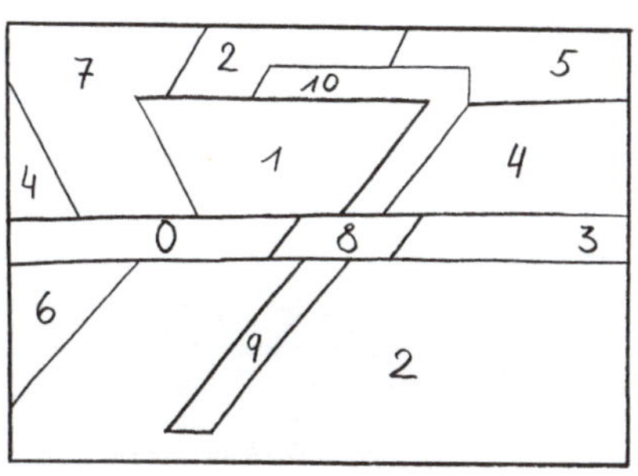

> 7

1 und 2: Anzahl der Figuren bestimmen, Zahl zuordnen, Zahlen vergleichen 3: Mengen einzeichnen und Zahlen zuordnen
4: Zahlen vergleichen, Relationszeichen setzten 5: Zahlen finden, mehrere Möglichkeiten nennen 6: Färben der zum Vergleich passenden Zahlenfelder

LB ▶ 38 TÜ ▶ 19

Zerlegen der Zahlen von 1 bis 10

①

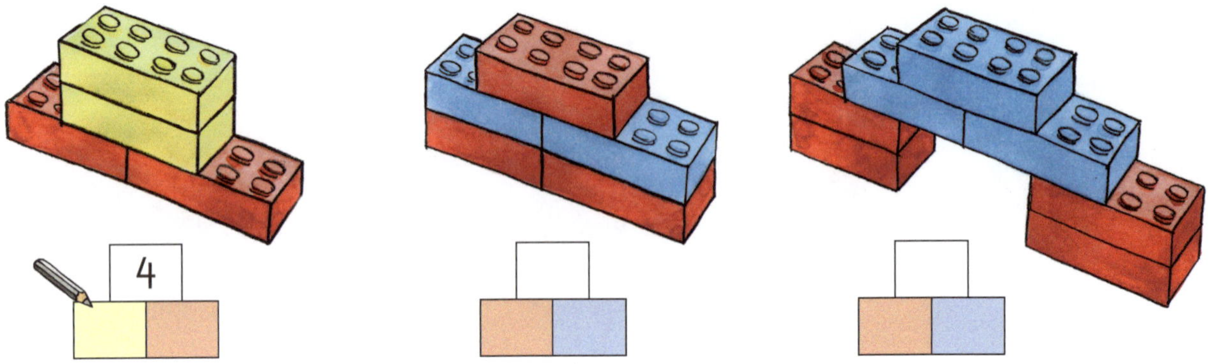

②

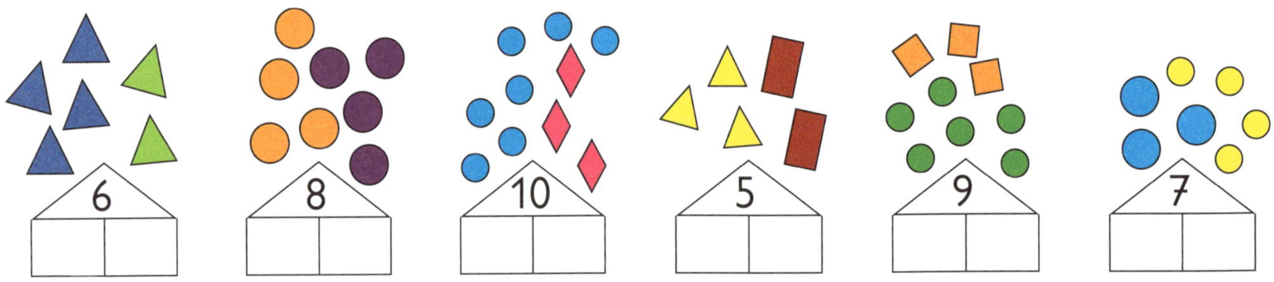

③

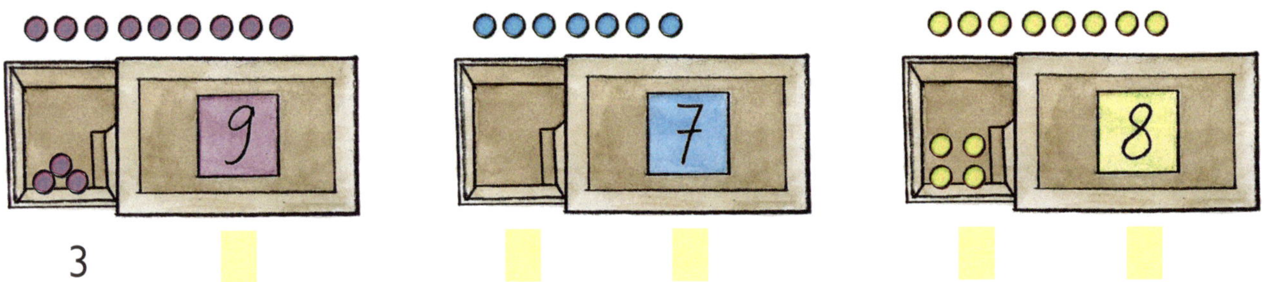

④

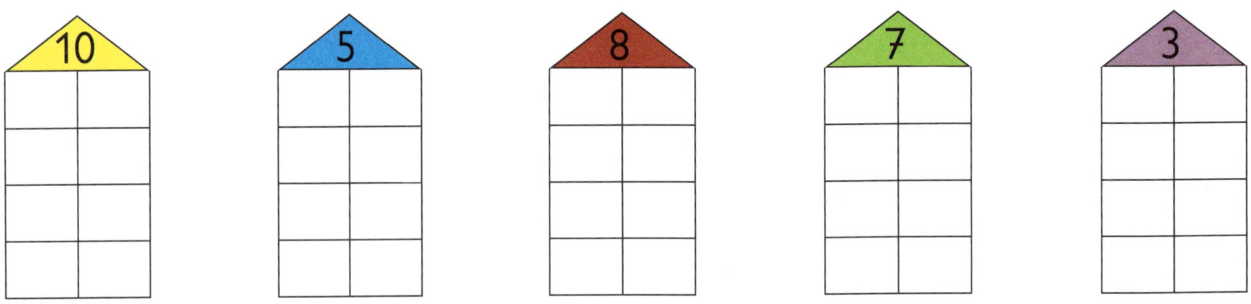

5

1: Anzahl ermitteln, Zahl zerlegen   2 und 3: Zerlegung angeben   4: Immer vier mögliche Zerlegungen zu jeder Zahl angeben
5: Verschiedene Möglichkeiten der Zerlegung angeben

LB ▶ 39   TÜ ▶ 19

① 0 — 1 — ☐ — 3 — 4 — ☐ — 6 — ☐ — ☐ — 9 — 10 →

② ☐ — 3 — ☐ — 7 — ☐ — ☐ — ☐ — ☐ — ☐ — 10 —

2 — ☐ — 4 — 6 — ☐ — ☐ — ☐ — ☐ — 5 — ☐ — 7 —

③

V	Z	N
	6	
	3	
	9	
	7	
	5	

V	Z	N
3		
	1	
		5
	9	
7		

V	Z	N
		8
	5	
7		
	2	
		7

④

⑤

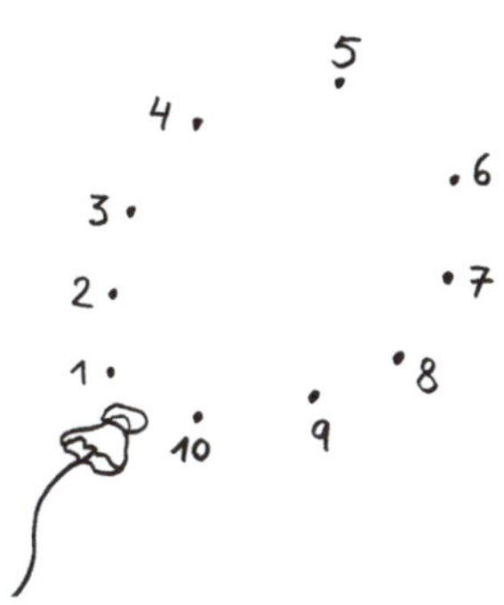

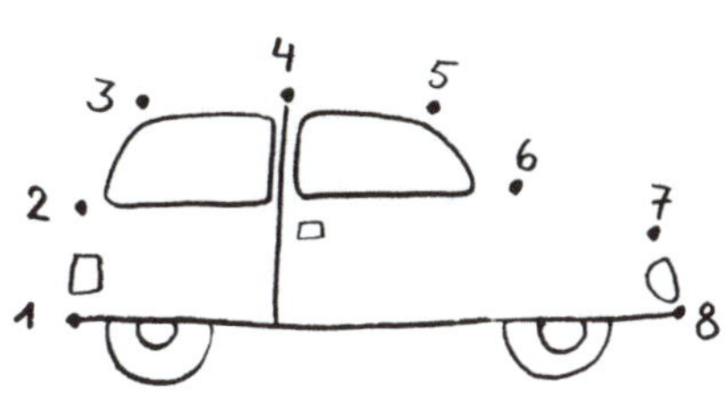

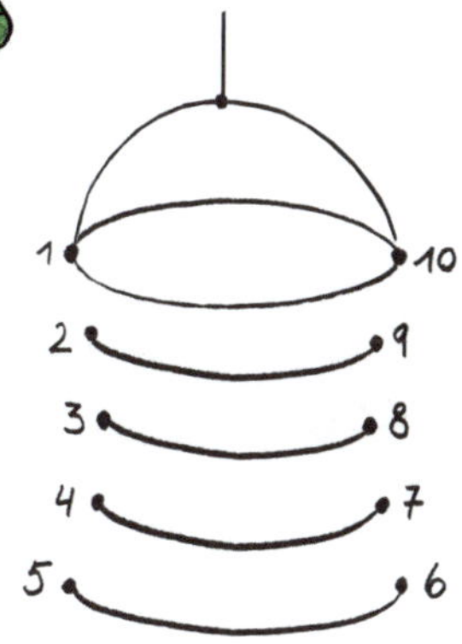

Der Zahlenstrahl

1

2

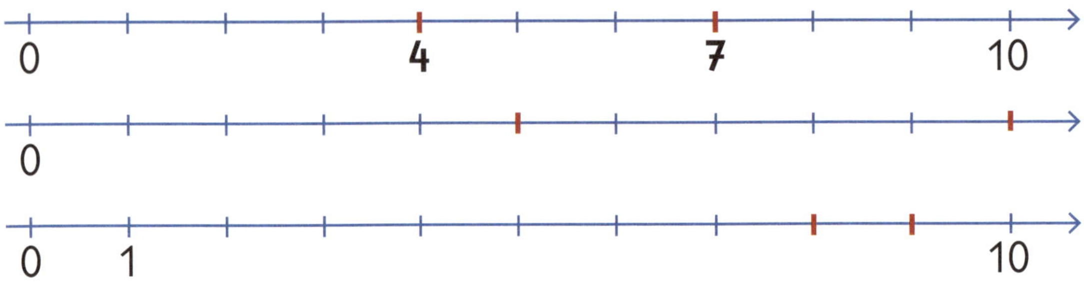

4 < 7

___ < ___

___ < ___

3

___ ist Nachfolger von 5.
___ ist Vorgänger von ___.

4

Zwischen 1 und 5 liegen ___, ___ und ___.

5

2 > ___, 2 > ___
4 > ___, 4 > ___

6 < ___, 6 < ___
8 < ___, 8 < ___

6

1 > ___
9 < ___

7

Rechts von der 6 liegen die Zahlen ___, ___, ___, ___.
Links von der 4 liegen ___, ___, ___, ___.
Zwischen der 8 und der 4 liegen die Zahlen ___, ___, ___.

1: Gesuchte Zahlen eintragen 2: Zahlen zuordnen 3: Vorgänger und Nachfolger bestimmen 4: Zahlen angeben
5 und 6: Zahlen finden und eintragen 7: Begriffe „Rechts“, „Links“ und „Zwischen“ verstehen, Zahlen angeben

LB ▶ 42–43

①

②

③

④

⑤

1., 3., 10. 2., 5., 7. 4., 9. 6., 8.

①

3 + ☐ = ☐

☐ + ☐ = ☐

☐ ◯ ☐ ◯ ☐

② Lege, male und rechne. 

1 + 6 = ☐

2 + 5 = ☐

6 + 4 = ☐☐

③ Rechne.

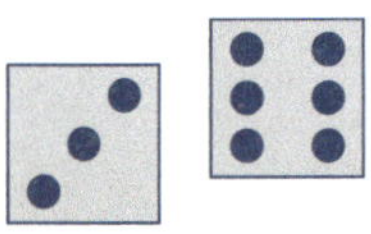

☐ ◯ ☐ = ☐

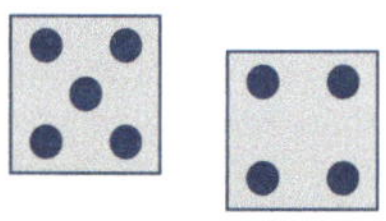

☐ ◯ ☐ = ☐

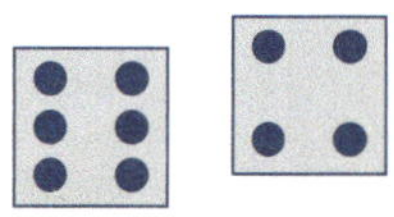

☐ ◯ ☐ = ☐☐

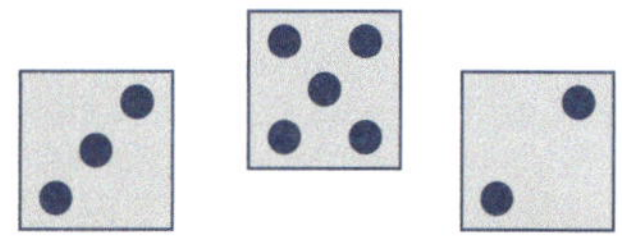

☐ ◯ ☐ ◯ ☐ = ☐☐

④
3 + 2 = ☐
1 + 3 = ☐
3 + 3 = ☐
5 + 3 = ☐
4 + 4 = ☐

3 + ☐ = 10
4 + ☐ = 9
2 + ☐ = 5
1 + ☐ = 8
2 + ☐ = 7

5
☐ + 2 = 10
☐ + 4 = 8
☐ + 1 = 9
☐ + 3 = 6
☐ + 5 = 10

◯ 8 6 5 4 8
7 5 7 3 5
6 2 4 6 4

□ 8 3 5 4 8
10 9 6 8 6

△ 2 3 2 7 1

⑥
6 + ☐ = 10
2 + ☐ = 8
5 + ☐ = 7
1 + ☐ = 5
3 + ☐ = 9

7
3 + 2 + 5 = ☐☐
1 + 4 + 3 = ☐
2 + 2 + 2 = ☐
5 + 1 + 0 = ☐
6 + 2 + 1 = ☐

△8
2 + 1 + ☐ = 10
☐ + 2 + 5 = 9
☐ + 3 + 4 = 8
4 + ☐ + 2 = 8
3 + ☐ + 2 = 8

⑨ Wie heißt die Summe aus 6 und 3?

☐ ◯ ☐ = ☐

1 bis 3: Additionsaufgaben finden und lösen 4 bis 8: Additionsaufgaben lösen
9: Additionsaufgabe finden und lösen

LB ▶ 46–47 TÜ ▶ 21

①

3 + ___ = ___
4 + ___ = ___

3 + ___ = ___
5 + ___ = ___

3 + ___ = ___
2 + ___ = ___

② Aufgaben und Tauschaufgaben

3 + 4 = ___
___ + ___ = ___

3 + ___ = 8
___ + ___ = ___

2 + 6 = ___
___ + ___ = ___

1 + ___ = 9
___ + ___ = ___

5 + 2 = ___
___ + ___ = ___

2 + ___ = 6
___ + ___ = ___

3

___ + 2 = 6
___ + ___ = ___

___ + ___ = 9
___ + ___ = ___

___ + 4 = 9
___ + ___ = ___

___ + ___ = 9
___ + ___ = ___

___ + 9 = 10
___ + ___ = ___ ___

___ + ___ = 9
___ + ___ = ___

④ Male Aufgabe und Tauschaufgabe in der gleichen Farbe an.

2 + 4 = ___
2 + 7 = ___
1 + 8 = ___
5 + 4 = ___
4 + 5 = ___
3 + 6 = ___
7 + 2 = ___
4 + 2 = ___
8 + 1 = ___
6 + 3 = ___

⑤
3 + ___ = 7
2 + ___ = 6
5 + ___ = 10
1 + ___ = 6
2 + ___ = 8

6
___ + 3 = 8
___ + 1 = 9
___ + 4 = 7
___ + 5 = 10
___ + 3 = 6

7
4 + ___ = 7
___ + 5 = 7
___ + 6 = 7
3 + ___ = 9
1 + ___ = 8

○ 6 5 4 5 4

□ 3 5 8 5 3
1 7 3 6 2

⑧
___
___ ___
3 2 3

9
___
5 ___
2 ___ 1

10
8
___ 3
3 ___ 1

①

7 − ☐ = ☐

9 − ☐ = ☐

☐ ◯ ☐ = ☐

② Lege, male und rechne.

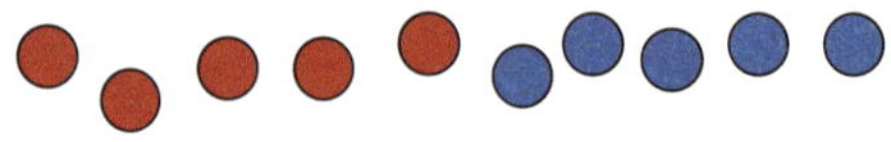

8 − 6 = ☐

10 − 4 = ☐

7 − 5 = ☐

③ Rechne.

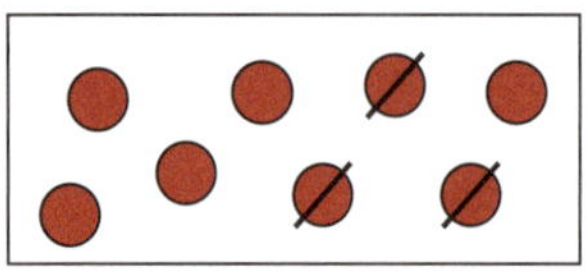

8 − 3 = ☐

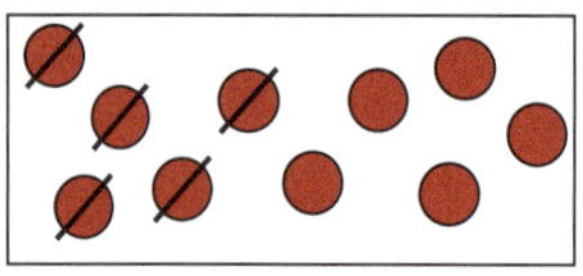

10 − ☐ = ☐

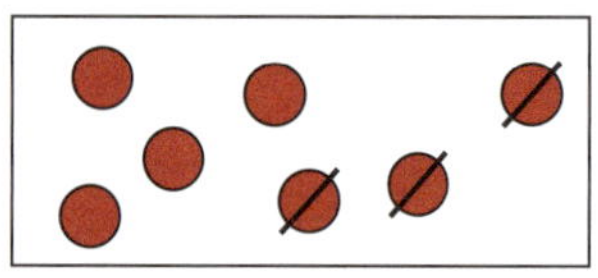

☐ − ☐ = ☐

9 − 3 = ☐

④

6 − 3 = ☐	8 − ☐ = 5
8 − 4 = ☐	9 − ☐ = 3
7 − 6 = ☐	10 − ☐ = 2
5 − 4 = ☐	5 − ☐ = 1
8 − 6 = ☐	7 − ☐ = 2

5

☐ − 3 = 4	6 − ☐ = 5
☐ − 5 = 1	☐ − 2 = 7
☐ − 2 = 6	8 − ☐ = 3
☐ − 7 = 2	6 − ☐ = 1
☐ − 6 = 3	☐ − 3 = 5

◯ 1 2 3
4 1 3
6 8 4
5

☐ 7 6 9
9 8 1
5 5 9
9

⑥

5 − 0 = ☐	7 − 2 = ☐
6 − 1 = ☐	7 − 3 = ☐
7 − 2 = ☐	7 − 4 = ☐
8 − 3 = ☐	☐ − ☐ = ☐
☐ − ☐ = ☐	☐ − ☐ = ☐

7

3 − 3 = ☐	2 − 2 = ☐
4 − 3 = ☐	4 − 3 = ☐
5 − 3 = ☐	6 − 4 = ☐
☐ − ☐ = ☐	☐ − ☐ = ☐
☐ − ☐ = ☐	☐☐ − ☐ = ☐

⑧ Bilde die Differenz aus 10 und 6.

☐☐ ◯ ☐ = ☐

1 bis 3: Subtraktionsaufgaben finden und lösen 4 und 5: Subtraktionsaufgaben lösen 6 und 7: Aufgabenfolge fortsetzen und lösen
8: Aufgabe finden und lösen

LB ▶ 50–51 TÜ ▶ 23

①

9 − 4 = ☐
5 + 4 = ☐

②
4 + 5 = ☐
9 − 5 = ☐

8 + 2 = ☐☐
10 − ☐ = ☐

3 + 4 = ☐
☐ − ☐ = ☐

2 + 7 = ☐
☐ − ☐ = ☐

③
9 − 6 = ☐
3 + 6 = ☐

10 − 4 = ☐
6 + ☐ = ☐☐

8 − 7 = ☐
☐ + ☐ = ☐

5 − 4 = ☐
☐ + ☐ = ☐

④
3 + 2 = ☐
☐ − ☐ = ☐

1 + 5 = ☐
☐ − ☐ = ☐

2 + 5 = ☐
☐ − ☐ = ☐

⑤
6 − 4 = ☐
☐ + ☐ = ☐

4 − 3 = ☐
☐ + ☐ = ☐

7 − 6 = ☐
☐ + ☐ = ☐

⑥
4 + 2 = ☐
☐ − ☐ = ☐

8 − 5 = ☐
☐ + ☐ = ☐

7 + 3 = ☐☐
☐☐ − ☐ = ☐

⑦

Rechenmauer 1:
☐
☐ ☐
6 0 2

Rechenmauer 2:
10
5 ☐
2 ☐ ☐

Rechenmauer 3:
10
☐ ☐
3 2 ☐

Rechenmauer 4:
10
☐ 4
☐ ☐ 0

⑧
2 + 3 + 4 = ☐☐
6 − 2 − 3 = ☐☐
5 + 3 + 2 = ☐☐
4 − 2 − 1 = ☐☐
3 + 2 + 2 = ☐☐

9
4 + 3 + ☐ = 8
2 + 2 + ☐ = 6
8 − 3 − ☐ = 3
1 + 5 + ☐ = 10
7 − 2 − ☐ = 2

○ 1 9 1 7 10
□ 2 1 4 3 2

1: Aufgabe und Umkehraufgabe den Bildern zuordnen und lösen 2 bis 6: Aufgabe und Umkehraufgabe lösen
7: Rechenmauern lösen 8 und 9: Rechnen mit drei Zahlen
LB ▶ 52–53 TÜ ▶ 23–24

①

6 + 3 = 9 9 − 3 = 6
3 + 6 = 9 9 − 6 = 3 ✓

② Bilde Aufgabenfamilien.

(4) (5) (9)

4 + 5 = 9 9 − 5 = 4
5 + 4 = 9 9 − 4 = 5 ✓

③ (1) (5) (6)

1 + 5 = 6 6 − 5 = 1
5 + 1 = 6 6 − 1 = 5 ✓

④ (2) (6) (8)

2 + 6 = 8 8 − 2 = 6
6 + 2 = 8 8 − 6 = 2 ✓

(4) (3) ( )

△5 4 + 3 = 7 7 − 3 = 4
3 + 4 = 7 7 − 4 = 3 ✓

(2) (7) (9)

△6 2 + 7 = 9 9 − 2 = 7
7 + 2 = 9 9 − 7 = 2 ✓

⑦

☐ ○ ☐ = ☐

☐ ○ ☐ = ☐

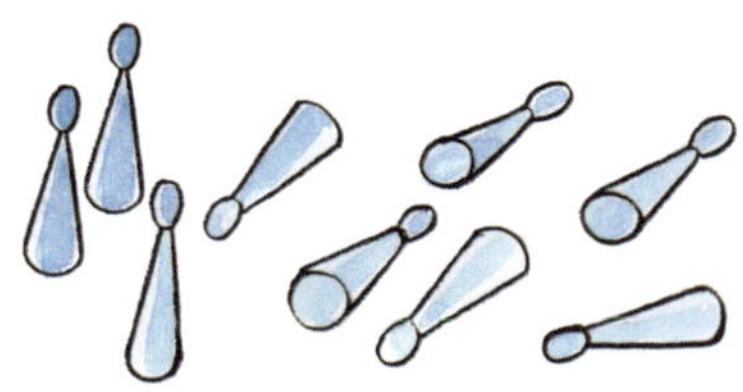

☐ ○ ☐ = ☐

⑧

☐ ○ ☐ = ☐

☐ ○ ☐ = ☐

☐ ○ ☐ = ☐

1 bis 6: Aufgabenfamilien finden und lösen 7 und 8: Rechengeschichten erzählen; Aufgaben finden und lösen
LB 54–55 TÜ 25–26

1. Setze die Zeichen <, =, > ein.

2 + 4 ◯ 8	8 − 5 ◯ 2	5 − 4 ◯ 2	4 + 4 ◯ 7
1 + 5 ◯ 4	10 − 6 ◯ 5	6 + 3 ◯ 9	10 − 5 ◯ 5
2 + 4 ◯ 6	9 − 2 ◯ 6	9 − 5 ◯ 4	6 + 4 ◯ 10

2. Berechne die Summen und Differenzen und vergleiche. Setze ein: < = >

3 + 4 ◯ 8 − 2	10 − 4 ◯ 2 + 4	9 + 0 ◯ 8 + 1
6 + 3 ◯ 10 − 2	5 − 4 ◯ 4 − 3	8 − 4 ◯ 2 + 3
7 + 2 ◯ 4 + 6	7 + 3 ◯ 6 + 2	10 − 5 ◯ 9 − 4

3. Führe die Reihen weiter.

3 + 0 < 8	7 − 4 > 2
3 + 1 < 8	7 − ▢ > 2
3 + ▢ < 8	7 − ▢ > 2
3 + ▢ < 8	7 − ▢ > 2
3 + ▢ < 8	7 − ▢ > 2

4. Welche Zahlen kannst du einsetzen? Schreibe sie auf.

7 − ▢ > 4
4 + ▢ < 9
6 + ▢ < 10

5. Vier Aufgaben haben das gleiche Ergebnis.

6 − 2 = ▢
2 + 2 = ▢
7 − 3 = ▢
0 + 4 = ▢
→ ▢

5 + 2 = ▢
7 − 0 = ▢
10 − 3 = ▢
3 + 4 = ▢
→ ▢

6. Finde 4 Aufgaben zum gleichen Ergebnis.

3 + 2 =
▢ + ▢ =
▢ − ▢ =
▢ − ▢ =
→ 5

2 + 4 + ▢ =
▢ + ▢ + ▢ =
▢ + ▢ + ▢ =
▢ + ▢ + ▢ =
→ ▢

7. Berechne die Summe aus 3 und 6.

▢ ◯ ▢ = ▢

8. Berechne die Differenz aus 9 und 6.

▢ ◯ ▢ = ▢

1 Kreise immer 10 Cent ein.

2

___ ct ___ ct ___ ct ___ ct

3

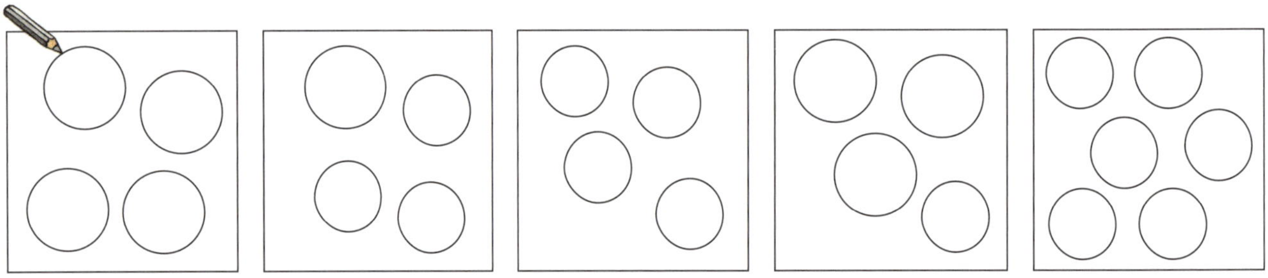

8 ct 5 ct 4 ct 7 ct 6 ct

4 Lege und rechne.

5 ct + 2 ct = ___ ct
7 ct + 3 ct = ___ ct
1 ct + 0 ct = ___ ct

8 ct − 7 ct = ___ ct
9 ct − 6 ct = ___ ct
5 ct − 2 ct = ___ ct

6 ct − ___ ct = 3 ct
10 ct − ___ ct = 5 ct
7 ct − ___ ct = 5 ct

5 (Dreieck)
2 ct + 3 ct + 5 ct + 2 ct = ___ ct
3 ct + 2 ct + 5 ct + 1 ct = ___ ct
1 ct + 6 ct + 4 ct + 3 ct = ___ ct

1

___ €

___ €

___ €

___ €

2 Bezahle auf verschiedene Weise.

5	–	–

3

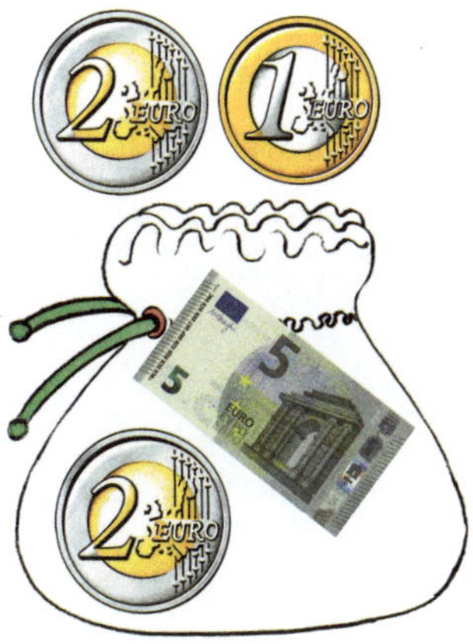
___ € + ___ € = ______ €

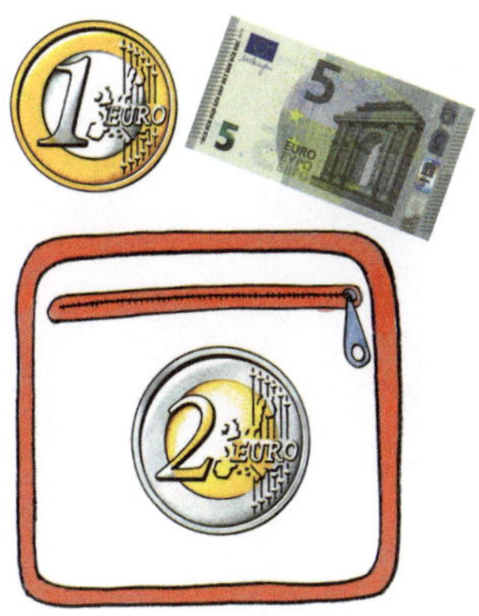
___ € + ___ € = ___ €

___ € + ___ € = ___ €

4 Lege und rechne.

4 € + 4 € = ___ €
6 € + 2 € = ___ €
2 € + 4 € = ___ €

10 € − 7 € = ___ €
8 € − 5 € = ___ €
6 € − 6 € = ___ €

9 € − ___ € = 5 €
8 € − ___ € = 3 €
2 € − ___ € = 2 €

5

___ € + 3 € = 5 €
___ € + 4 € = 8 €
___ € − 6 € = 2 €
___ € − 5 € = 3 €

○ 8 5 3 3 6
8 0 0 4
□ 2 8 8 4

1: Geldwerte bestimmen 2: Verschiedene Möglichkeiten des Bezahlens finden 3 bis 5: Rechnen mit Geldbeträgen
LB ▸ 60–61 TÜ ▸ 30

1 Male aus und zähle.

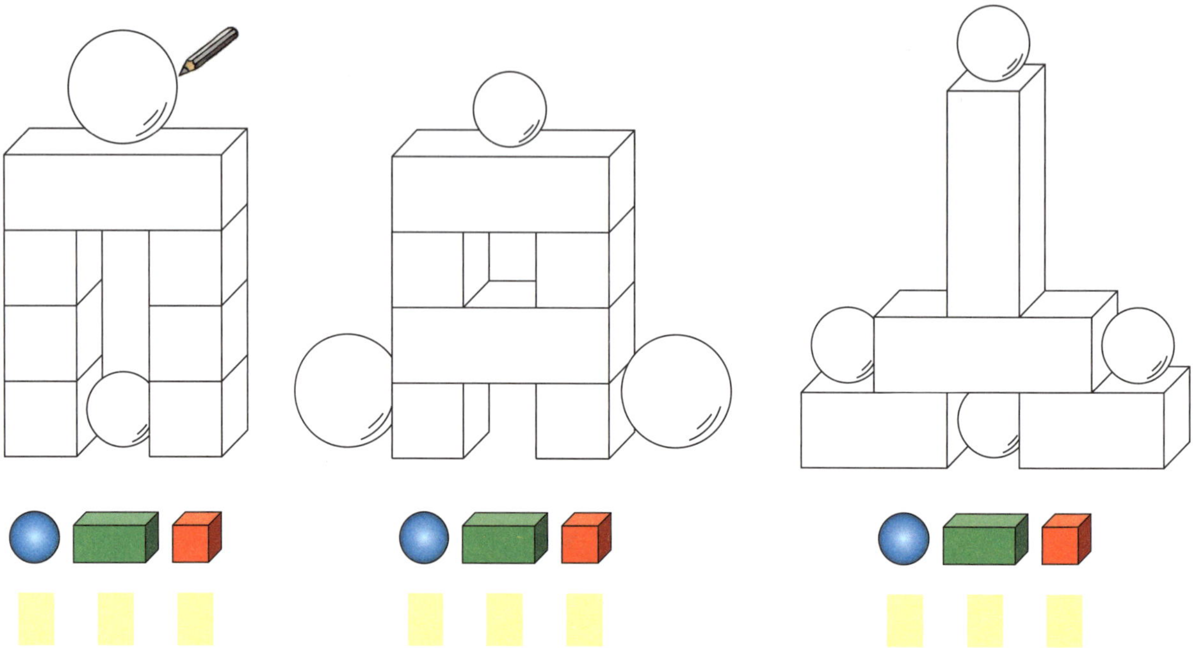

2

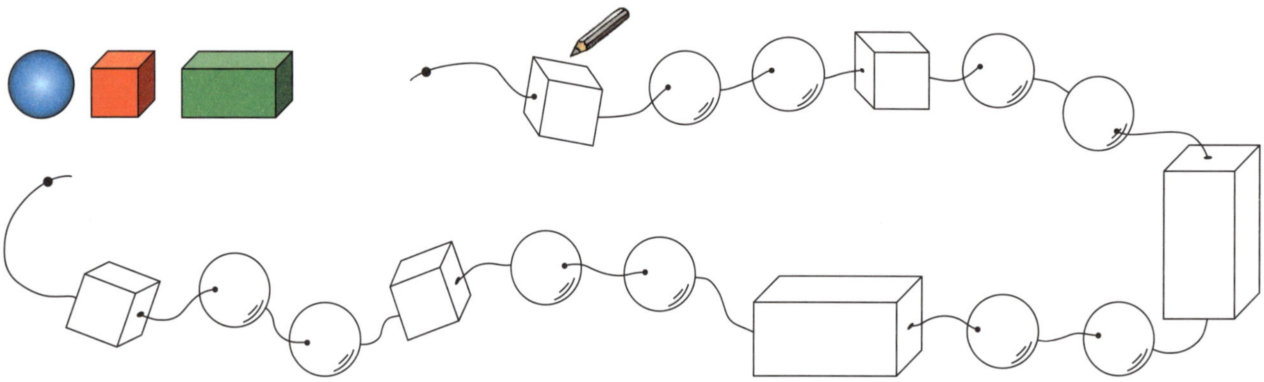

3 Zähle.

1 und 2: Würfel, Quader, Kugel in der entsprechenden Farbe ausmalen und zählen 3: Anzahl der Würfel bestimmen

LB ▶ 62 TÜ ▶ 31

① Baue und zähle.

Würfel

Würfel

Würfel

Würfel

Würfel

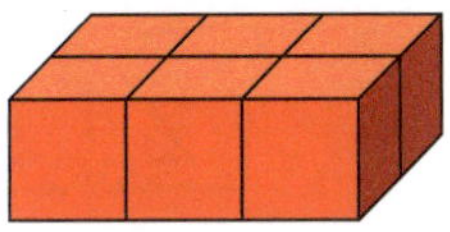

Würfel

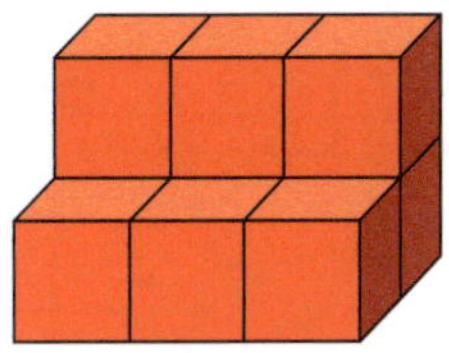

Würfel

Würfel

② Schreibe den Bauplan.

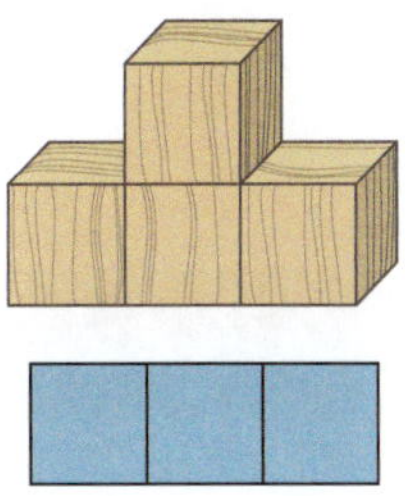

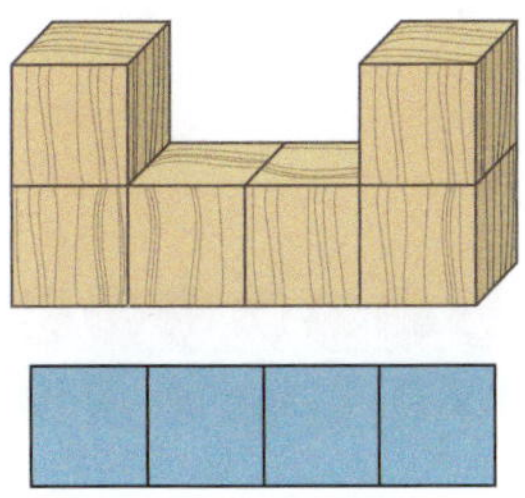

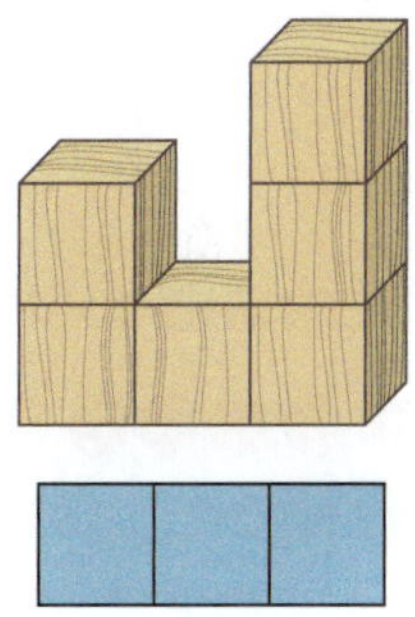

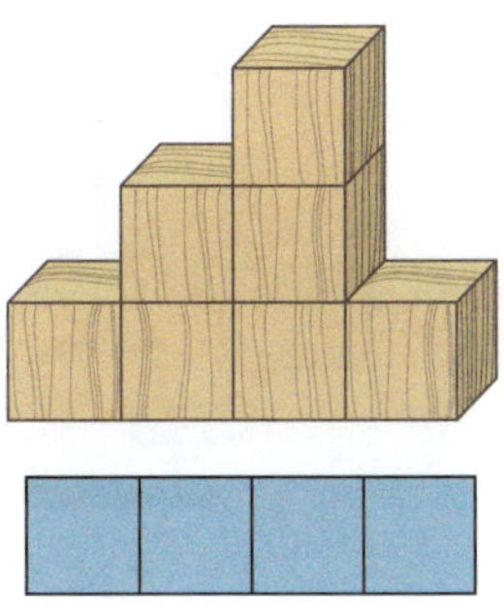

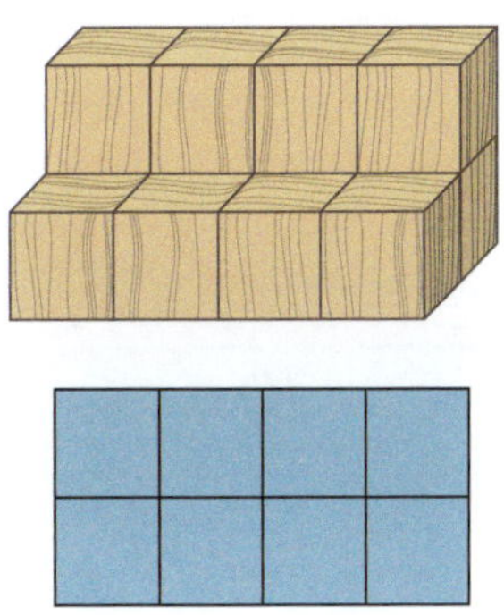

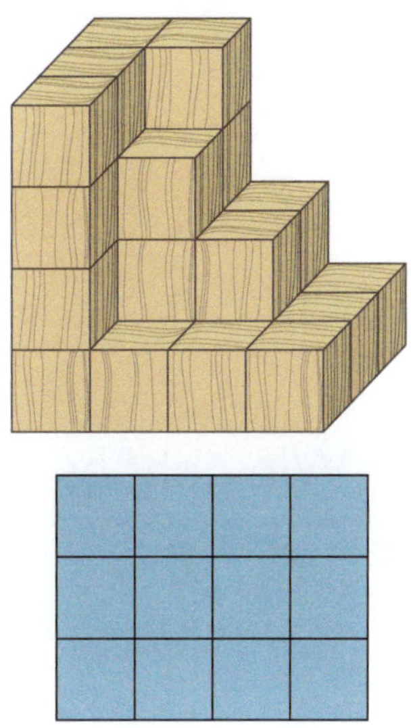

1: Aufbau erfassen 2: Baupläne erstellen
LB ▶ 63 TÜ ▶ 31

1

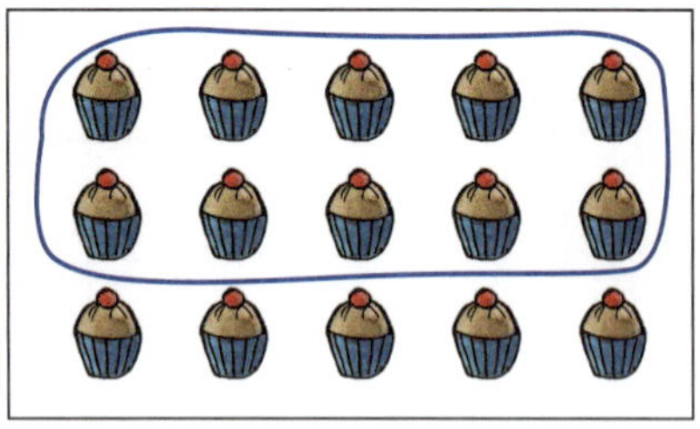

Z	E
1	

Z	E

Z	E

2

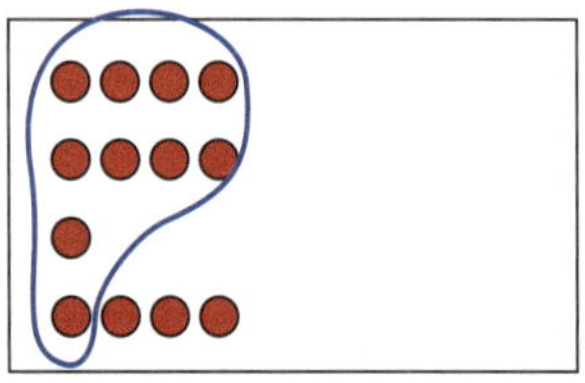

Z	E
1	

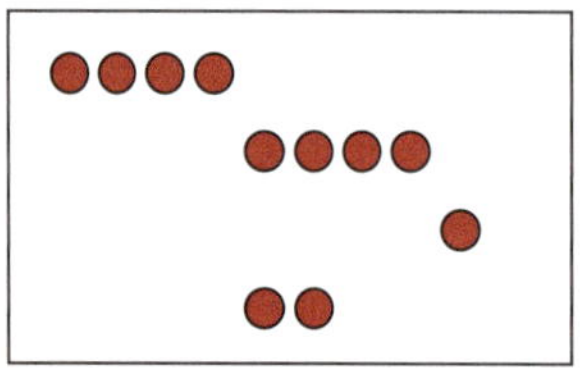

Z	E

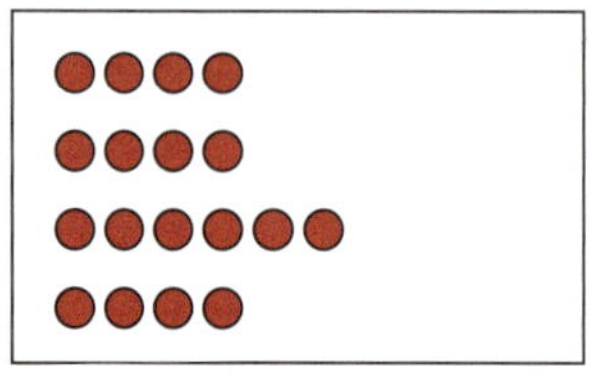

Z	E

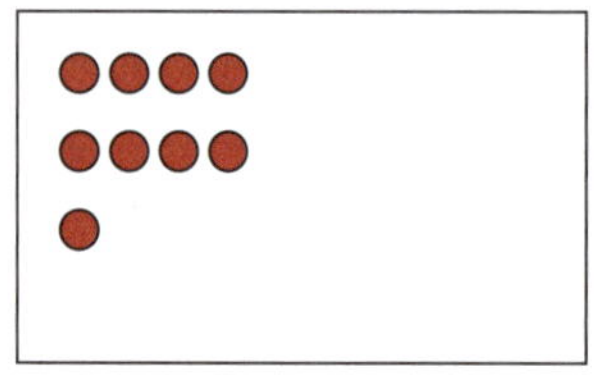

Z	E

3 Male aus.

Z	E
1	1

Z	E
1	5

Z	E
1	9

4 Schreibe die Zahl dazu.

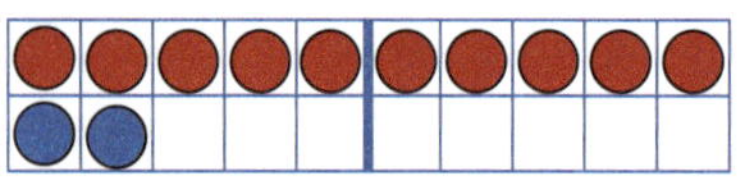

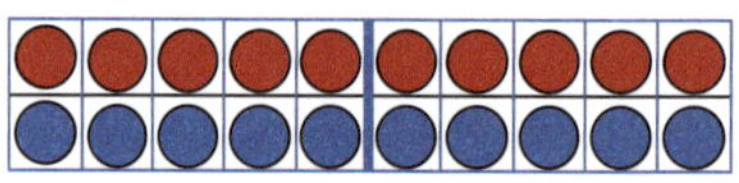

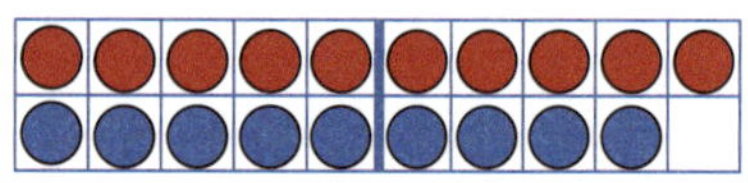

5 Zähle weiter.

3	4						10					15

14	13						7		

6 Wie geht es weiter?

6	8						20

17	15							1

1 bis 4: Zahlen den Mengen zuordnen; Mengen den Zahlen zuordnen 5 und 6: Zählen in angegebener Schrittfolge
LB 66–67 TÜ 32

1 Trage die fehlenden Zahlen ein.

	2	3				7			
11			14		16		18		20

2 Trage die fehlenden Zahlen ein.

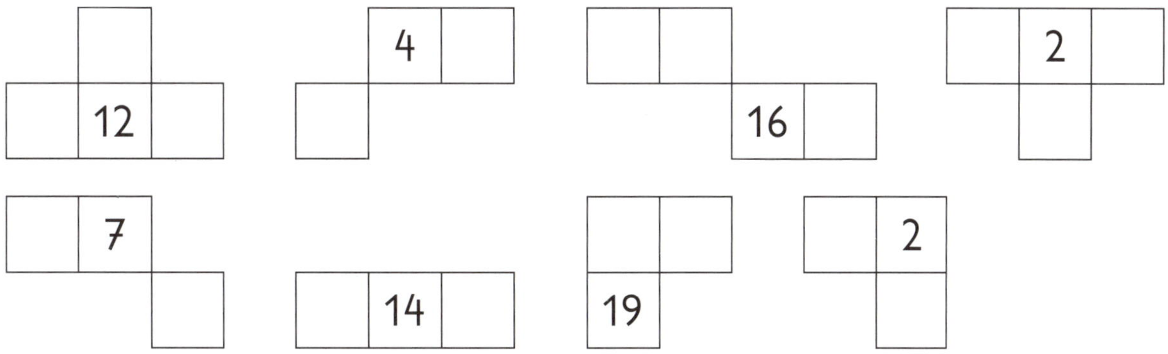

3 Finde passende Zahlen.

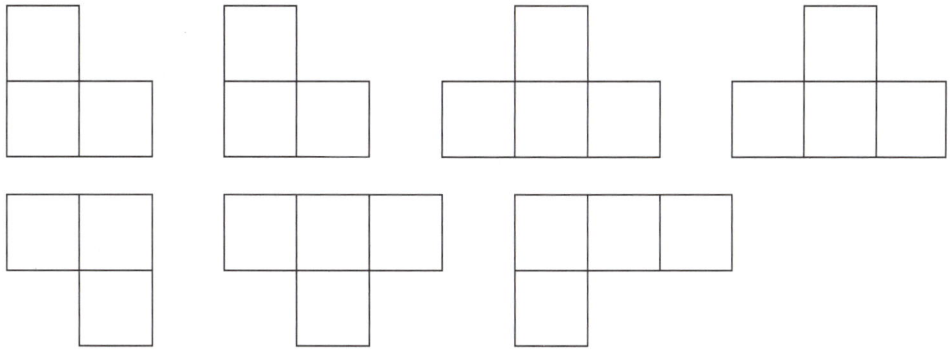

4 Zahlen gesucht

Vergleichen und Ordnen der Zahlen bis 20

① < = > ?

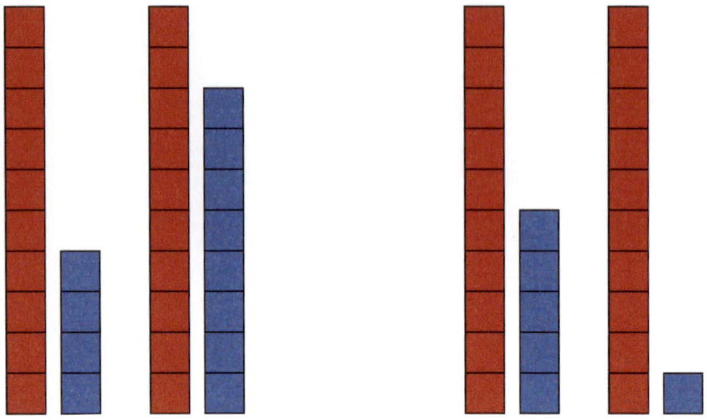

14 ○ __   __ ○ __   __ > 16

② 18 > 15
18 > __
18 > __
18 > __
18 > __

3 __ < 12
__ < 12
__ < 12
__ < 12
__ = 12

④ 17 > __
17 > __
17 < __
17 = __
17 < __

⑤ 20 ○ 15
16 ○ 20
13 ○ 14
14 ○ 12
10 ○ 6

⑥ 5 ○ 15
11 ○ 20
13 ○ 0
12 ○ 10
16 ○ 8

⑦

V	Z	N
	12	
	8	
	18	
	6	
	10	
	15	

Ordne die Vorgänger.
Beginne mit dem kleinsten Vorgänger.

__ __ __ __ __ __

Ordne die Nachfolger.
Beginne mit dem größten Nachfolger.

__ __ __ __ __ __

Wie geht es weiter bis zur 20?

⑧ 6 8 10 __ __ __ __ __

⑨ 4 8 12 __ __

Wie geht es weiter bis zur 0?

10 18 15 12 __ __ __ __

11 16 14 12 __ __ __ __ __ __

1: Zahlen zuordnen und vergleichen 2 bis 4: Geeignete Zahlen finden 5 und 6: Relationszeichen setzen 7: Ordnen nach Vorschrift 8 bis 11: Reihen weiterführen

LB 69–70 TÜ 34–35

① Male und rechne. Löse zuerst die bekannte Aufgabe.

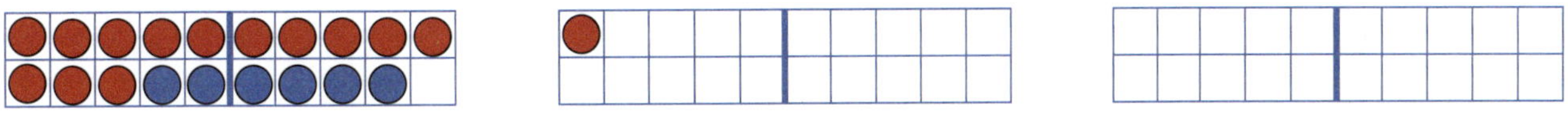

3 + 6 = __
13 + 6 = __

__ + __ = __
15 + 3 = __

__ + __ = __
12 + 4 = __

② Welche Aufgaben gehören zusammen? Rechne und Verbinde.

5 + 3 = __
3 + 6 = __
7 + 1 = __

17 + 1 = __
15 + 3 = __
13 + 6 = __

2 + 5 = __
4 + 3 = __
1 + 8 = __

11 + 8 = __
12 + 5 = __
14 + 3 = __

③ 5 + 2 = __
15 + 2 = __

3 + 5 = __
13 + 5 = __

4 + 5 = __
14 + 5 = __

7 9 17
19 8 18

④ 10 + 8 = __
10 + 3 = __

14 = 10 + __
17 = __ + 7

⑤ 11 + 5 = __
14 + 3 = __

19 = 13 + __
15 = __ + 4

⑥

+	3	4	5	8
10				
11				

+	2	6	7	1
12				
11				

+	2	1	5	0
13				
14				

⑦ Rechne und setze die Zeichen <, =, > ein.

4 + 3 ◯ 6
14 + 3 ◯ 16

2 + 6 ◯ 9
12 + 6 ◯ 19

15 + 4 ◯ 17
4 + 15 ◯ 17

18 ◯ 13 + 7
18 ◯ 5 + 13

8 Wer erhält die größere Zahl als Ergebnis?

Rechne so und vergleiche.

__ ◯ __ = __   __ ◯ __   __ ◯ __ = __

Subtrahieren ohne Zehnerübergang

① Male und rechne. Löse zuerst die bekannte Aufgabe.

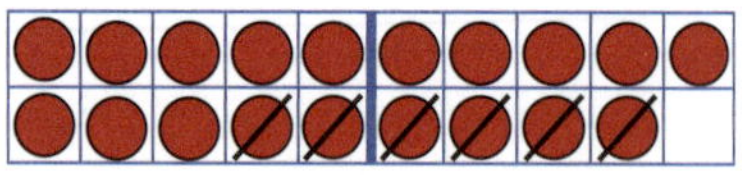

___ − ___ = ___
19 − 6 = ___

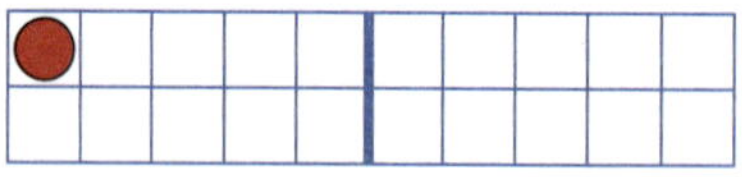

___ − ___ = ___
15 − 3 = ___

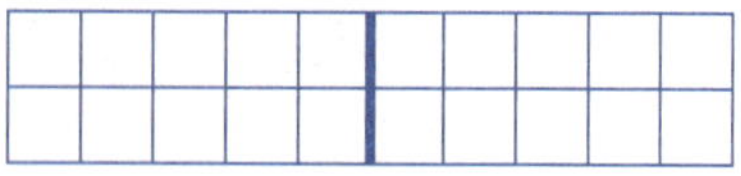

___ − ___ = ___
17 − 6 = ___

② Welche Aufgaben gehören zusammen? Rechne und verbinde.

5 − 4 = ___ 15 − 4 = ___ 9 − 7 = ___ 16 − 4 = ___
7 − 5 = ___ 18 − 6 = ___ 6 − 4 = ___ 19 − 7 = ___
8 − 6 = ___ 17 − 5 = ___ 9 − 5 = ___ 19 − 5 = ___

③ 5 − 2 = ___ 3 − 1 = ___ 7 − 5 = ___
15 − 2 = ___ 13 − 1 = ___ 17 − 5 = ___

3 2 2
13 12 12

④ 10 − 8 = ___ 14 = 18 − ___
10 − 5 = ___ 17 = ___ − 2

⑤ 19 − 5 = ___ 18 = 20 − ___
19 − 3 = ___ 15 = ___ − 4

⑥

−	3	4	5	8
18				
19				

−	2	6	7	1
17				
18				

−	2	1	5	0
16				
15				

⑦ Rechne und setze die Zeichen <, =, > ein.

7 − 3 ◯ 6 9 − 6 ◯ 3 15 − 2 ◯ 12 18 ◯ 20 − 5
17 − 3 ◯ 16 19 − 6 ◯ 13 16 − 6 ◯ 11 18 ◯ 19 − 6

8 Wer erhält die größere Zahl als Ergebnis?

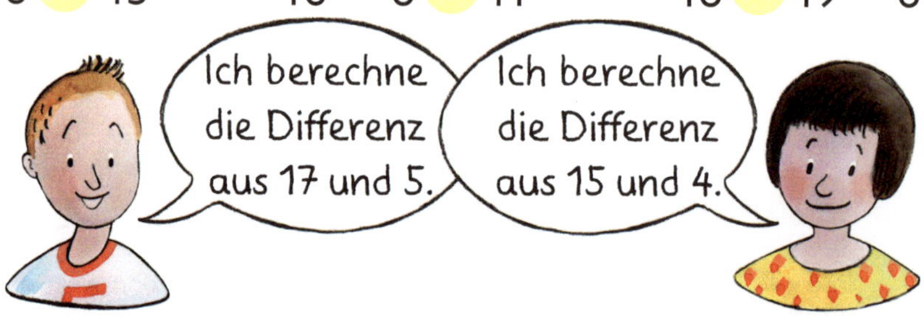

Rechne so und vergleiche. ___ ◯ ___ = ___ ___ ◯ ___ ___ ◯ ___ = ___

1: Bekannte Aufgabe finden und lösen; Ergebnis übertragen 2: Aufgaben lösen und zuordnen 3 bis 6: Differenz berechnen/Platzhalter bestimmen
7: Differenz berechnen; Relationszeichen setzen 8: Differenzen berechnen und vergleichen

LB ▶ 74 TÜ ▶ 38

①

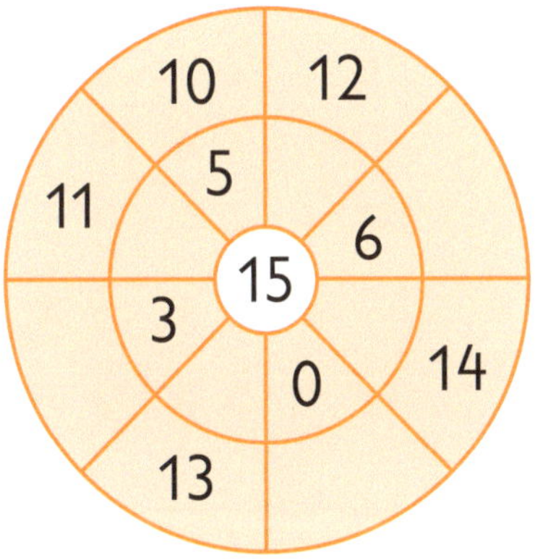

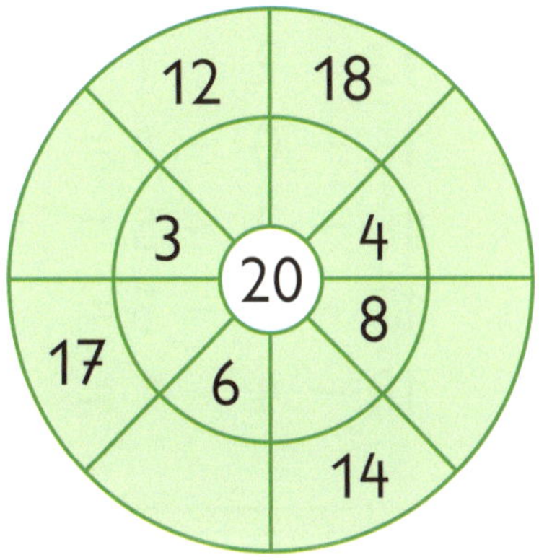

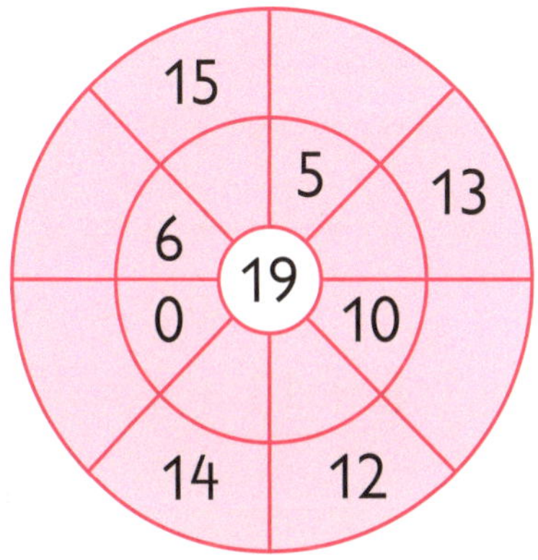

② Finde die Fehler. Streiche durch und berichtige.

12 + 3 = 15	19 + 0 = 10	10 − 10 = 0
12 − 3 = 17	11 − 11 = 10	7 + 0 = 17
1 + 11 = 12	18 + 2 = 20	14 − 2 = 12
18 − 3 = 16	3 + 16 = 13	11 + 7 = 19

③

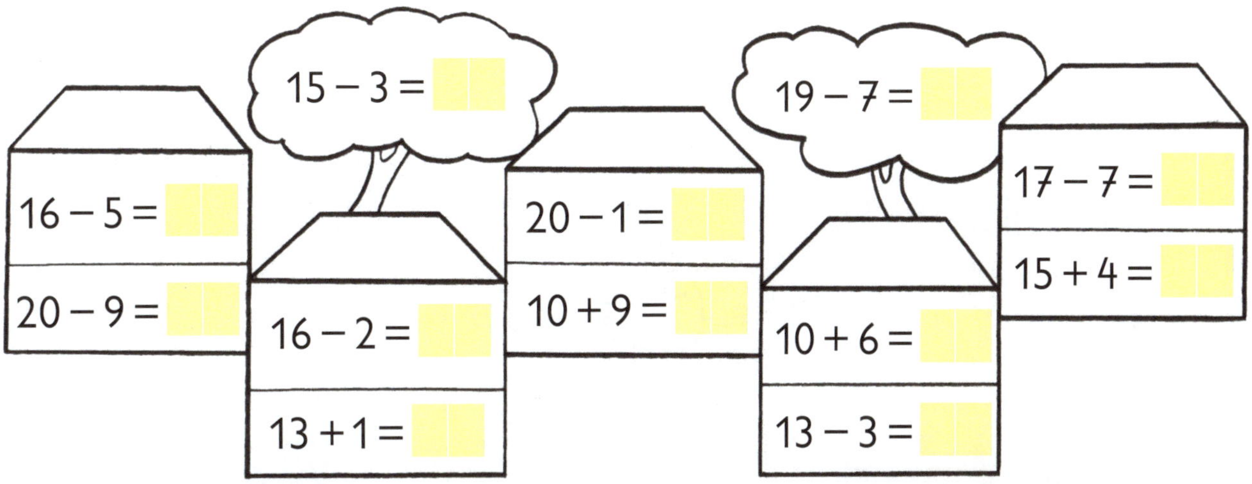

10 = gelb   11 = blau   12 = grün   14 = rot   16 = schwarz   19 = lila

4 Ordne den Lösungen die richtigen Buchstaben zu.

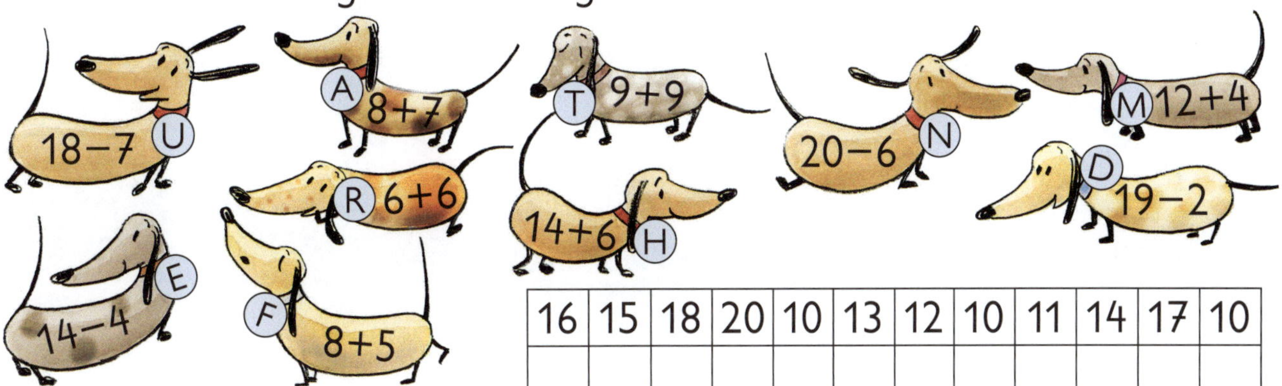

16	15	18	20	10	13	12	10	11	14	17	10

1: Freie Felder berechnen 2: Summen und Differenzen berechnen; Fehler ermitteln 3: Summen und Differenzen berechnen; färben nach Vorgabe
4: Summen und Differenzen berechnen; Ergebnisse ordnen; Lösungswort finden

LB ▶ 75–76 TÜ ▶ 39–40

(1)

10 + 5 + 3 =	13 − 2 − 1 =	16 − 2 − 4 =
12 + 2 + 5 =	16 − 0 − 4 =	2 + 7 + 10 =
1 + 10 + 4 =	18 − 3 − 5 =	3 + 13 − 3 =
4 + 11 + 2 =	17 − 1 − 5 =	19 + 1 − 5 =
6 + 13 + 1 =	18 − 4 − 1 =	17 − 5 + 2 =

○ 20 18 19 17 15   13 10 10 11 12   10 13 14 19 15

+ oder − ?

(2)

14 ○ 3 = 17
15 ○ 4 = 19
17 ○ 5 = 12
13 ○ 2 = 11
18 ○ 5 = 13

[3]

11 + 6 ○ 2 = 15
14 − 3 ○ 7 = 18
16 − 4 ○ 3 = 15
17 − 5 ○ 4 = 16
12 − 2 ○ 7 = 17

△4

17 − 6 ○ 2 ○ 5 = 18
10 + 3 ○ 5 ○ 6 = 12
15 − 2 ○ 1 ○ 3 = 15
11 + 4 ○ 3 ○ 2 = 16
18 − 2 ○ 4 ○ 0 = 12

(5) Löse die Aufgaben. Färbe Aufgabe, Tausch- und Umkehraufgabe mit der gleichen Farbe.

12 + 5 =	13 + 6 =	19 − 4 =
6 + 13 =	17 + 1 =	17 − 5 =
15 + 4 =	5 + 12 =	18 − 5 =
1 + 17 =	5 + 13 =	19 − 6 =
13 + 5 =	4 + 15 =	18 − 1 =

○ 13 17 17
19 18 12
17 19 13
18 18 18
15 19 19

(6)

15 —(−3)→ 12, 12 —(○ □)→ 15
16 —(−4)→ □□, □□ —(○ □)→ 16
18 —(○ □)→ 12, 12 —(○ □)→ 18
17 —(○ □)→ 11, 11 —(○ □)→ 17

[7] 7 —(+3)→ □ —(+8)→ □ —(−6)→ □ —(+4)→ □ —(−6)→ □

1: Addieren und Subtrahieren mit drei Zahlen 2 bis 4: Rechenzeichen einsetzen 5: Aufgaben lösen und färben 6: Platzhalter belegen 7: Rechenkette lösen
LB ▶ 77–78 TÜ ▶ 41–42

① Eine Aufgabe – vier Nachbarn

	15 +	
14 + 4 =	15 + 4 =	16 +
	15 +	
	16 −	
15 −	16 − 3 =	17 −
	16 −	
	16 + 3 =	
	18 − 6 =	

Immer 4 Aufgaben sind eine Familie.

②
_ + 4 = _
_ + _ = _
9 − _ = _
_ − _ = _

5 4 9

3 + _ = _
_ + _ = _
_ − _ = _
_ − _ = _

5 8 3

3
_ + _ = _
_ + _ = _
_ − _ = _
_ − _ = _

10 19 9

_ + _ = _
_ + _ = _
_ − _ = _
_ − _ = _

7 10 17

④ Immer 10. Kreise die Partner ein.

9 5 4 6 5 3 7
1 5 2 8 6 4 5
2 3 6 4 5 1 5
8 7 9 1 3 7 9

⑤ Immer 10

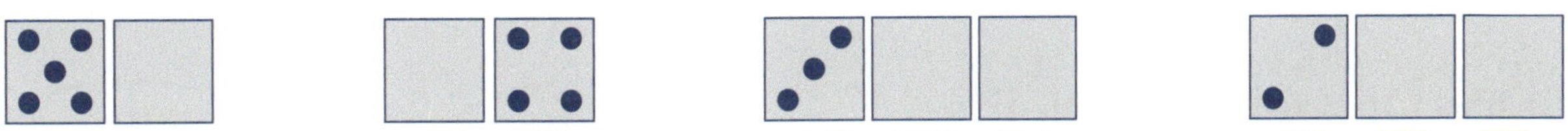

_ + _ = 10 _ + _ = 10 _ + _ + _ = 10 _ + _ + _ = 10

⑥
8 + 2 + 1 =
5 + 3 + 5 =
6 + 6 + 4 =
7 + 9 + 3 =

⑦
12 − 2 − 1 =
13 − 5 − 3 =
15 − 7 − 5 =
18 − 6 − 8 =

8
5 + _ + 2 = 10
_ + 4 + 1 = 10
15 − _ − 5 = 10
_ − 6 − 4 = 10

1: Nachbaraufgaben finden und lösen 2 und 3: Aufgabenfamilien bilden 4: Zahlen, die sich zu 10 ergänzen, finden
5: Additionsaufgaben mit der Summe 10 finden; Würfelbilder dazu malen 6 bis 8: Rechnen mit drei Zahlen

LB 79 TÜ 43

① Verdopple am Spiegel. Schreibe die Aufgaben dazu.

5 + 5 = ___

___ + ___ = ___

___ + ___ = ___

② Verdopple die Anzahl der Kästchen. Schreibe die Aufgaben dazu.

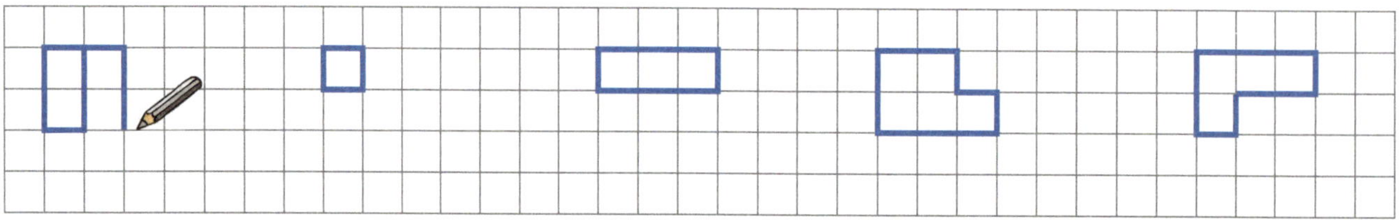

2 + ___ = ___ 1 + ___ = ___ 3 + ___ = ___ 5 + ___ = ___ 4 + ___ = ___

3 Lege das Doppelte der Geldbeträge. Trage den doppelten Betrag ein.

Betrag	1 ct	2 ct	3 ct	4 ct	3 €	5 €
Das Doppelte						

④ Halbiere.

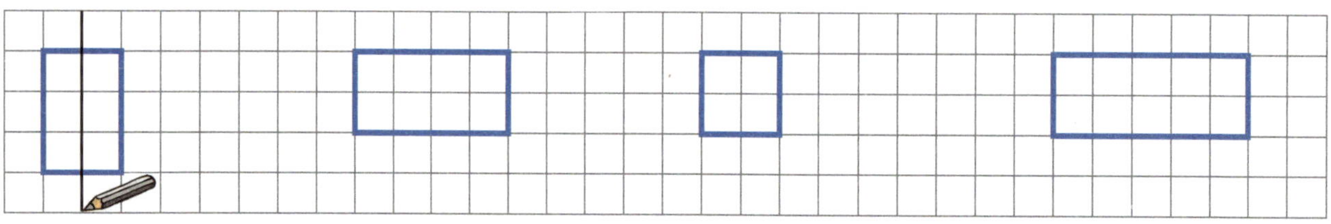

6 = 3 + 3 8 = ___ + ___ 4 = ___ + ___ 10 = ___ + ___

5 Das Doppelte, die Hälfte

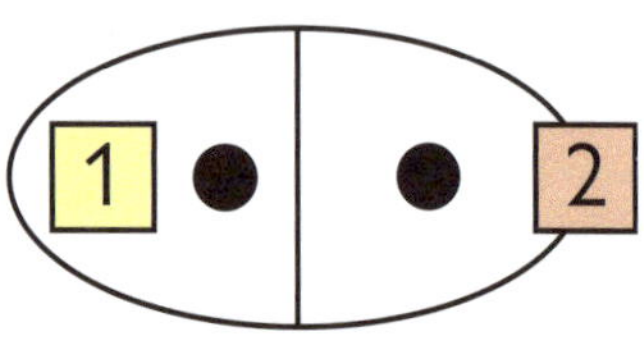

Sprich so:

2 ist das Doppelte von 1.

1 ist die Hälfte von 2.

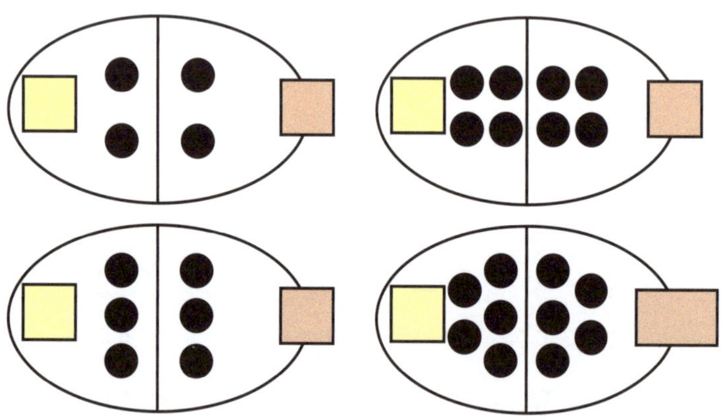

1: Verdoppeln erfassen; Aufgaben finden 2: Anzahl verdoppeln; Aufgabe zuordnen 3: Doppelten Betrag legen; Tabelle vervollständigen 4: Anzahl der Kästchen halbieren; Aufgabe zuordnen 5: Zahlen zuordnen

LB ▶ 80–81 TÜ ▶ 44–45

(1) Gerade oder ungerade Zahl? Kreuze an.

○ gerade
○ ungerade

○ gerade
○ ungerade

○ gerade
○ ungerade

(2) Vervollständige bis 20.

1	3	5												

Das sind ____________ Zahlen.

2	4													

Das sind ____________ Zahlen.

3 Addiere zwei gerade Zahlen.

6 + 8 = 14
12 + ☐ = ☐
☐ + ☐ = ☐
☐ + ☐ = ☐

Addiere zwei ungerade Zahlen.

5 + 7 = 12
9 + ☐ = ☐
☐ + ☐ = ☐
☐ + ☐ = ☐

Was für eine Zahl ist das Ergebnis immer?

____

(4) Trage auf der Zahlenkette alle Zahlen von 1 bis 20 ein.
Färbe die geraden Zahlen orange und die ungeraden Zahlen blau.

Wie viele gerade und ungerade Zahlen gibt es auf der Zahlenkette?

☐ gerade Zahlen ☐ ungerade Zahlen

Wähle zu den Sätzen die passenden Fragen.

① ◯ Lisa hat 16 Glaskugeln. Sie verschenkt 5 Kugeln.

◯ In der Klasse 2 sind 12 Mädchen und 7 Jungen.

◯ Ben hat 12 Seiten und später noch 8 Seiten gelesen.

◯ Von 20 Kindern der 1. Klasse gehen 6 Kinder in keine Arbeitsgemeinschaft.

Fragen zur Auswahl:

Ⓐ Wie viele Kinder sind in der Klasse?
Ⓑ Wie viele Glaskugeln hat sie noch?
Ⓒ Wie viele Seiten hat er insgesamt gelesen?
Ⓓ Wie viele Kinder gehen in eine Arbeitsgemeinschaft?

② Tom und Anna haben Pfeile geworfen. Wonach kannst du fragen? Finde eine Aufgabe und löse sie.

Tom:

__ + __ = __

Anna:

__ + __ + __ = ____

③ Ben hat 20 Farbstifte in seiner Mappe. 7 Stifte hat er zum Zeichnen herausgenommen. Wonach kannst du fragen? Finde die passende Aufgabe und löse sie.

____ – ____ = ____

1: Fragen den Sätzen zuordnen, Zuordnung begründen lassen 2 und 3: Fragen formulieren, Aufgaben bilden; Antworten in Sätzen

LB ▶ 84–85 TÜ ▶ 47

① Anna hat gestempelt. Wie viele?

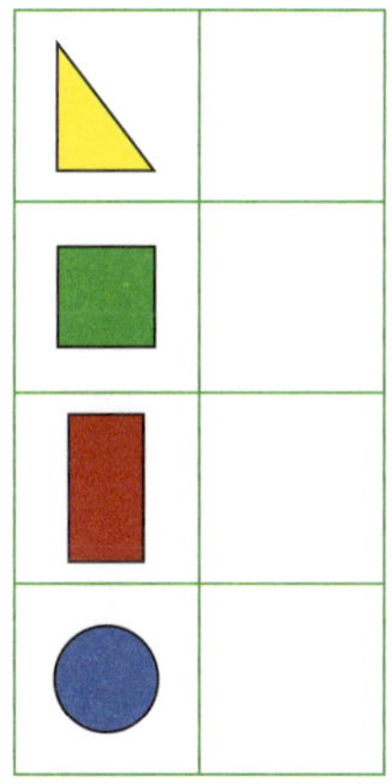

② Zeichne ein Bild mit den angegebenen Figuren. So viele hast du:

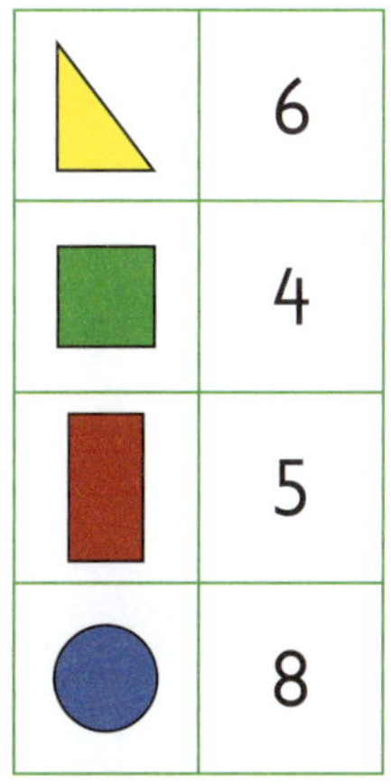

③ Färbe.

Vierecke gelb

Kreise rot

Dreiecke blau

Wie viele sind es?

Kreise

Dreiecke

Vierecke

1

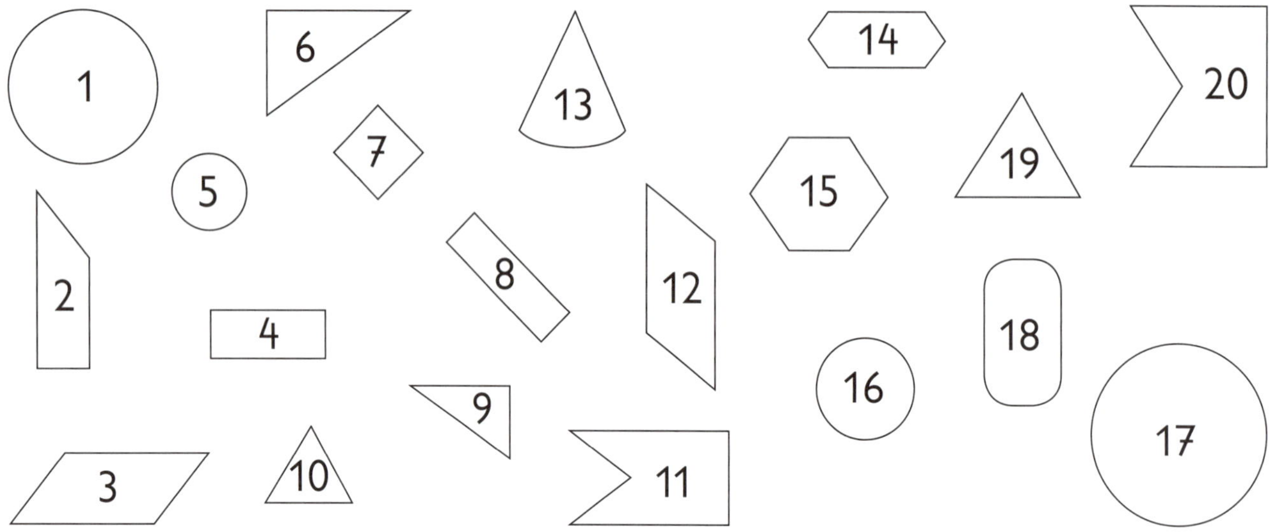

Dreiecke							Vierecke							Kreise						
6																				

2 Zeichne verschiedene Dreiecke und Vierecke.

① Falte, schneide und lege Muster.

② Male die Muster weiter.

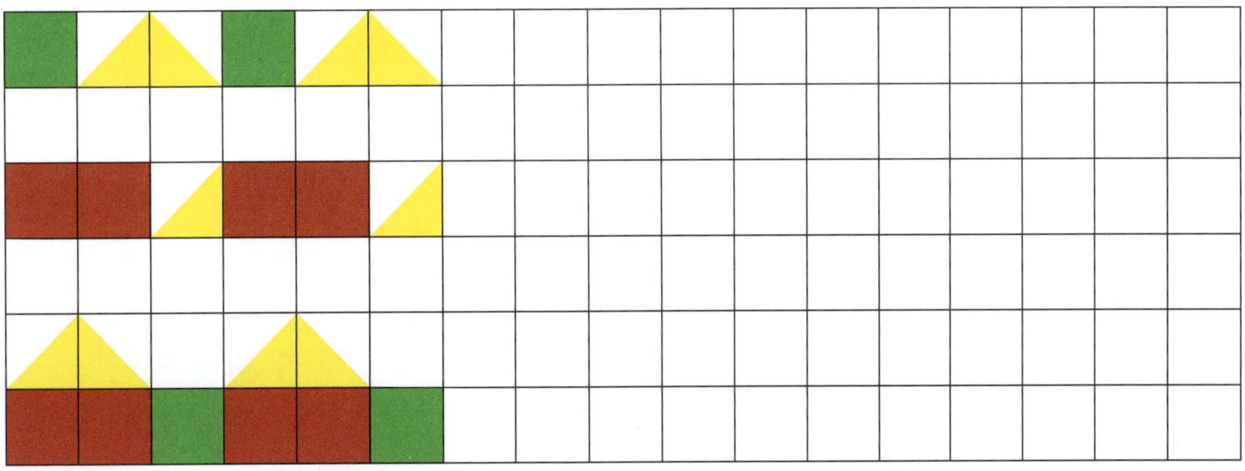

③ Male die Muster weiter.

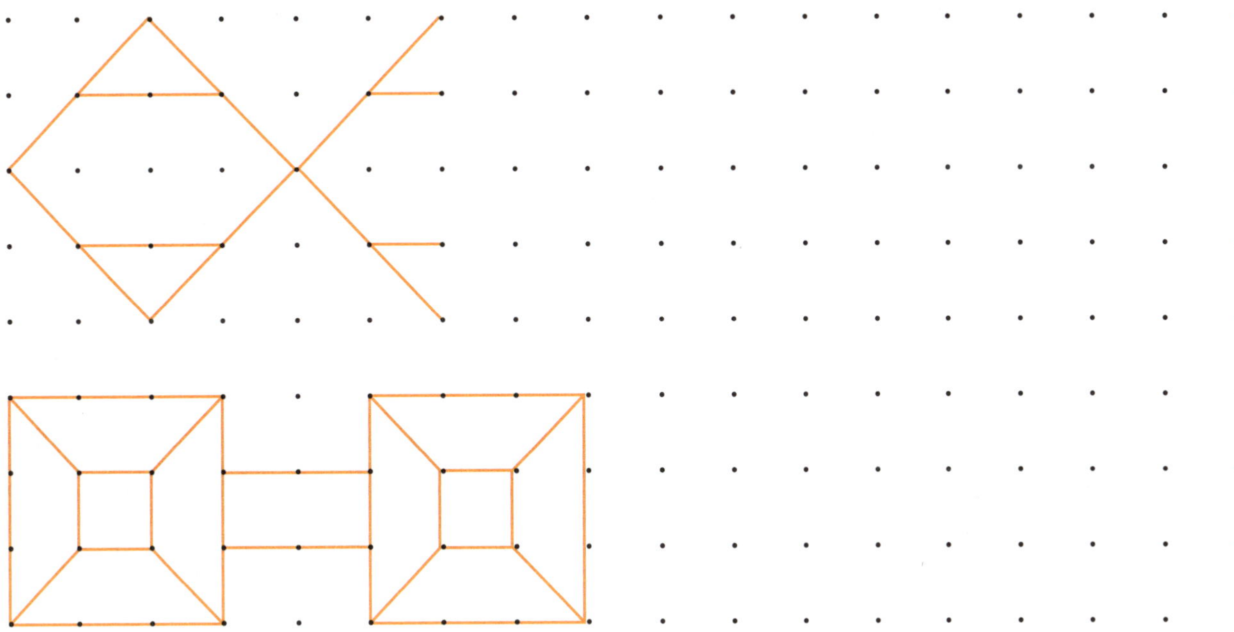

(1)

___ €

___ €

___ €

___ €

(2) Lege und male.

17 €	12 €	19 €	8 €	15 €

(3) Wechsle.

 = ◯ ◯ ◯

 = ▭ ▭

 = ▭

 = ▭

(4) Lege und rechne.

6 € + 4 € = ___ €
17 € + 3 € = ___ €
5 € + 5 € = ___ €
10 € + 7 € = ___ €

8 € − 6 € = ___ €
12 € − 1 € = ___ €
18 € − 8 € = ___ €
20 € − 10 € = ___ €
19 € − 6 € = ___ €

◯ 10 10 2
20 13 10
11 17 10

▢ 2 6 10
11 12 16
2 17 15
20

5

14 € + ___ € = 16 €
8 € + ___ € = 10 €
___ € + 3 € = 15 €
___ € + 5 € = 20 €
___ € + 0 € = 11 €

18 € − ___ € = 12 €
20 € − ___ € = 10 €
___ € − 2 € = 14 €
___ € − 1 € = 19 €
___ € − 6 € = 11 €

1

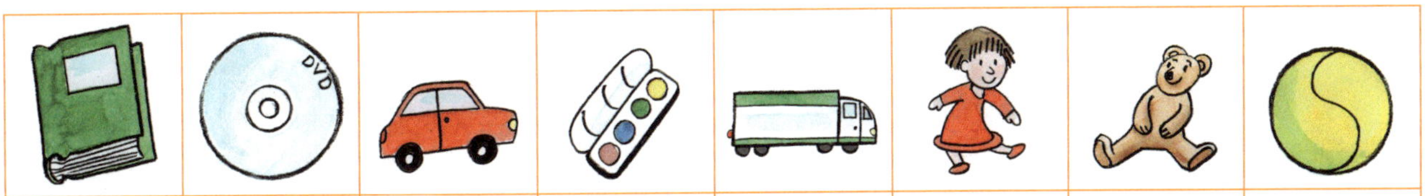

15 €	13 €	11 €	7 €	6 €	5 €	3 €	2 €

15 € + 2 € = ___ €

___ € + ___ € = ___ €

___ € + ___ € = ___ €

___ € + ___ € + ___ € = ___ €

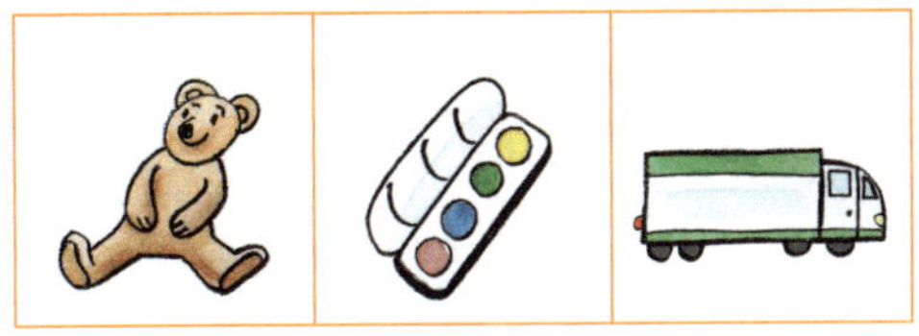

___ € + ___ € + ___ € = ___ €

2

___ € + ___ € + ___ € + ___ € = ___ €

☐ 17 16 18
18 16

3 Berechne die Summe aus 15 € und 4 €. ___ ◯ ___ = ___

Berechne die Differenz aus 15 € und 4 €. ___ ◯ ___ = ___

Vergleiche die Ergebnisse <, =, >. ___ ◯ ___

4

Max kauft:	2 € 	11 € 	15 € 
Max gibt:			
Max bekommt zurück:	___ €	___ €	___ €

① Male in die Kästchen und rechne.

7 + 9
7 + 3 = __
__ + 6 = __
7 + __ = __

8 + 5
8 + __ = __
__ + __ = __
__ + 5 = __

6 + 7
6 + 4 = __
__ + 3 = __
6 + __ = __

7 + 8
7 + __ = __
__ + __ = __
__ + 8 = __

9 + 5
9 + __ = __
__ + __ = __
__ + __ = __

② Immer erst bis 10

8 + 5 = __
8 + __ + __ = __

7 + 9 = __
7 + __ + __ = __

8 + 6 = __
8 + __ + __ = __

③ Rechne.

6 + 5 = 6 + 4 + __
6 + 5 = __ + __
6 + 5 = __

7 + 8 = __ + __ + __
7 + 8 = __ + __
7 + 8 = __

5 + 9 = __ + __ + __
5 + 9 = __ + __
5 + 9 = __

④

+	7	5	6
8			
7			
6			

5

+		6	8
7	11		
		14	

6 Finde die Fehler und streiche sie durch.

+	8	4	7	5
6	13	10	15	11
8	16	11	15	13
9	17	13	17	14

⑦
9 + 4 = __
9 + 6 = __
9 + 8 = __
9 + 10 = __

⑧
5 + 6 = __
5 + 8 = __
5 + 7 = __
5 + 9 = __

9
__ + 8 = 11
__ + 8 = 14

1 bis 3: Addieren, Ergänzen bis zur 10 4 und 5: Addieren in Tabellen 6: Fehler suchen und kennzeichnen 7 bis 9: Addieren nach selbst gewähltem Rechenweg
LB 96–97 TÜ 50

① Male in die Kästchen und rechne.

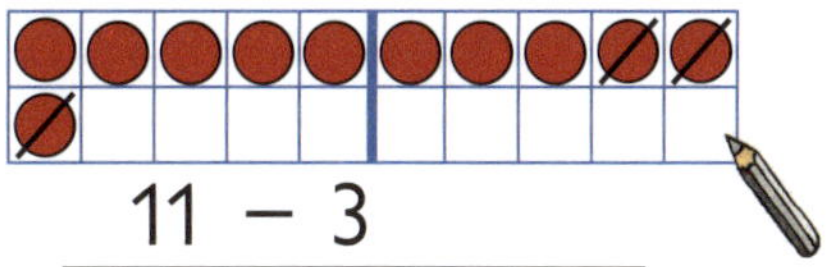

11 − 3

11 − 1 = ___
___ − 2 = ___
11 − ___ = ___

12 − 5

12 − ___ = ___
___ − ___ = ___
___ − 5 = ___

17 − 8

17 − 7 = ___
___ − 1 = ___
17 − ___ = ___

14 − 6

14 − ___ = ___
___ − ___ = ___
___ − 6 = ___

15 − 8

15 − ___ = ___
___ − ___ = ___
___ − ___ = ___

② Immer erst bis 10

13 − 6 = ___
13 − ___ − ___ = ___

11 − 8 = ___
11 − ___ − ___ = ___

17 − 9 = ___
17 − ___ − ___ = ___

③ Rechne.

16 − 8 = 16 − 6 − ___
16 − 8 = ___ − ___
16 − 8 = ___

15 − 7 = ___ − ___ − ___
15 − 7 = ___ − ___
15 − 7 = ___

14 − 9 = ___ − ___ − ___
14 − 9 = ___ − ___
14 − 9 = ___

④

−	7	8	9
15			
14			
13			

⑤

−			9
16	8		
		11	
12			

6 Finde die Fehler und streiche sie durch.

−	6	7	5	8
11	6	4	6	2
13	7	8	8	5
15	10	8	6	5

⑦
15 − 8 = ___
14 − 7 = ___
13 − 6 = ___

⑧
15 − 9 = ___
15 − 7 = ___
15 − 8 = ___

9
___ − 8 = 2
___ − 8 = 5

1 bis 3: Subtrahieren zum Zehner 4 und 5: Subtrahieren in Tabellen 6: Fehler suchen und kennzeichnen
7 bis 9: Subtrahieren nach selbst gewähltem Rechenweg
LB ▸ 98–99 TÜ ▸ 51

1 Rechne. Finde die Lösungsworte.

16 − 9 =	13 − 7 =	12 − 8 =
11 − 9 =	9 + 5 =	17 − 9 =
7 + 9 =	18 − 6 =	17 − 3 =
6 + 8 =	10 + 4 =	5 + 8 =
7 + 5 =	5 + 6 =	

T	H	N	R	G	S	P	R	E	U	C
13	4	8	12	6	7	16	12	14	2	11

2

7	4	1
6	3	4
5	2	4
6		6

(4. Mauer: mittlere Reihe links 9)

3

5 —+5→ ▢ —−3→ ▢ —+6→ ▢ —−8→ ▢ —+9→ 14

12 —−8→ ▢ —+9→ ▢ —+7→ ▢ —−4→ ▢ —−9→ 7

3 —+8→ ▢ —−5→ ▢ —+7→ ▢ —−8→ ▢ —+12→ 17

4

16 = blau   8 = schwarz   7 = gelb   13 = rot   15 = grün

1: Addieren und Subtrahieren nach selbst gewählten Lösungsweg; Buchstaben zuordnen 2: Rechenmauern lösen 3: Rechenketten lösen
4: Farben den Aufgaben zuordnen

LB ▶ 100–101 TÜ ▶ 52–53

(1)

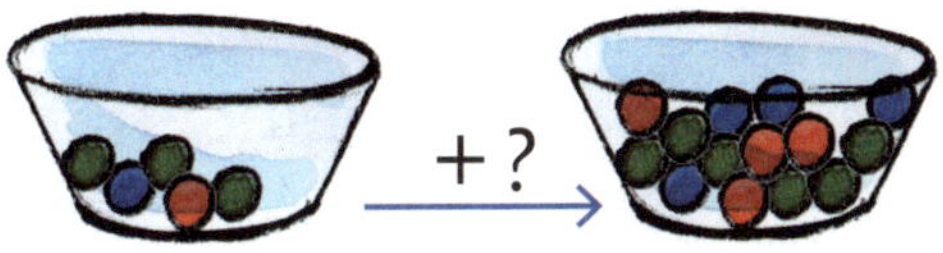

5 + ___ = 14

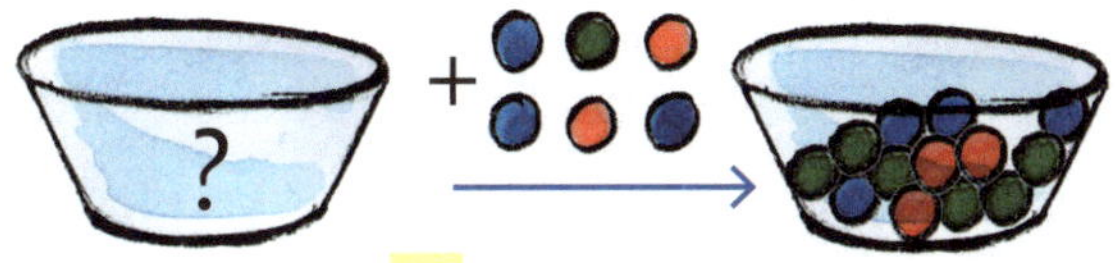

___ + 6 = 13

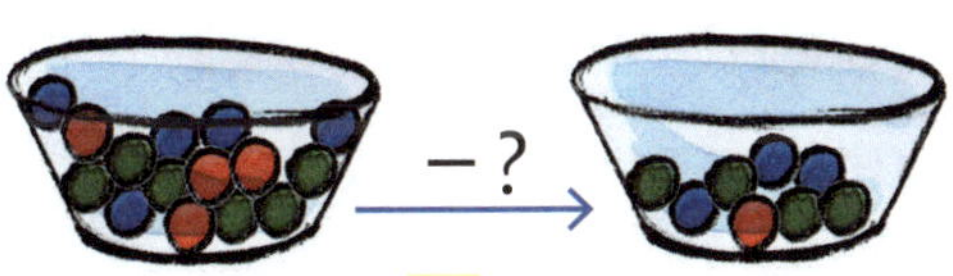

15 − ___ = 8

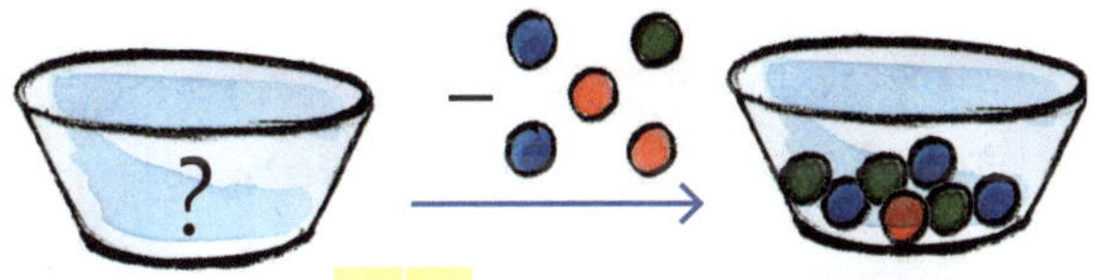

___ − 5 = 7

(2)
7 + 9 = ___
5 + 6 = ___
6 + 7 = ___
12 + 5 = ___
15 + 5 = ___

(3)
8 + ___ = 16
4 + ___ = 13
9 + ___ = 17
7 + ___ = 20
3 + ___ = 14

4
___ + 13 = 20
___ + 7 = 14
___ + 6 = 19
___ + 4 = 16
___ + 9 = 18

○ 11 11 17
16 11 13 7
8 9 8 5 3
13 9 13 6
5 9 6 16
15 20 20
6 7 7 16

□ 11 12 18
7 17 14
13 7 9

(5)
19 − 6 = ___
20 − 9 = ___
13 − 7 = ___
11 − 6 = ___

(6)
15 − ___ = 10
14 − ___ = 8
18 − ___ = 9
17 − ___ = 10

7
___ − 5 = 6
___ − 8 = 9
___ − 9 = 5
___ − 3 = 15

(8)
7 + 5 + 3 = ___
9 + 6 + 1 = ___
10 + 7 + 3 = ___

(9)
20 − 10 − 3 = ___
16 − 7 − 6 = ___
17 − 4 − 7 = ___

(10)
11 + 6 − 1 = ___
9 − 7 + 7 = ___
19 − 3 − 9 = ___

(11) Trage die richtigen Zeichen ein: <, =, >.

13 + 5 ○ 17   19 − 10 ○ 9   11 − 7 ○ 5   6 ○ 12 − 7

12 Wahr (w) oder falsch (f)?

9 + 6 > 17 ___
4 + 14 = 18 ___
8 + 9 < 16 ___
12 − 5 > 8 ___
16 − 8 < 10 ___
17 − 9 = 8 ___

1: Platzhalter bestimmen   2 bis 10: Additions- und Subtraktionsaufgaben lösen   11: Relationszeichen setzen   12: Wahr oder falsch ermitteln und begründen

① Lisa hat schon 7 Seiten gelesen. Sie will noch 12 Seiten lesen. Wie viele Seiten hat sie dann insgesamt gelesen?

Das steht in der Aufgabe:

☐ Seiten bereits gelesen

☐☐ Seiten noch lesen

Danach wird gefragt:

Wie viele Seiten hat sie insgesamt gelesen?

So kannst du rechnen:

☐ + ☐☐ = ☐☐

Das ist die Antwort auf die Frage:

Lisa hat ______________________________

____

② Tom ist auf Seite 8. Er liest noch 9 Seiten. Auf welcher Seite ist er dann?

Das steht in der Aufgabe:

☐ Seiten bereits gelesen

☐ Seiten noch lesen

Danach wird gefragt:

Auf welcher Seite ist er dann?

So kannst du rechnen:

☐ + ☐ = ☐☐

Das ist die Antwort auf die Frage:

Tom ist ______________________________

③ Anna wirft. Von 11 Dosen fallen 3 um. Wie viele bleiben stehen? Max wirft. Bei ihm fallen von 15 Dosen 7 um. Bei wem bleiben mehr Dosen stehen?

Das steht in der Aufgabe:

Anna:	Max:
☐☐ Dosen	☐☐ Dosen
☐ Dosen fallen	☐ Dosen fallen

Danach wird gefragt:

Bei wem bleiben mehr Dosen stehen?

So kannst du rechnen:

Anna:	Max:
☐☐ – ☐ = ☐	☐☐ – ☐ = ☐

Das ist die Antwort auf die Frage:

____

1 bis 3: Lösen nach vorgegebener Schrittfolge

LB ▶ 104–105 TÜ ▶ 55–56

① Vier Kinder wollen Tischtennis spielen.
Jeder soll gegen jeden spielen.
Maria behauptet, dass insgesamt
6 Spiele durchgeführt werden müssen.
Stimmt das? Überprüfe.
Vervollständige dazu die Tabelle.

Spiel	1	2	3	4	5	6
Spieler	Ben Lisa	Ben				

② Max hat drei Autos und 4 Hänger.
Er will immer ein Auto mit einem
Hänger koppeln.
Wie viele verschiedene Fahrzeug-
gespanne kann er koppeln?
Zeichne die Kopplungsmöglichkeiten
mit verschiedenen Farben ein.

③ Wie viele verschiedene Möglichkeiten gibt es, von
Seedorf über Neuhaus nach Berghausen zu wandern?
Male die Wanderwege in verschiedenen Farben ein.

4 Nimm immer drei Kugeln aus der Schachtel.
Wie viele verschiedene Kugelkombinationen
kannst du zusammenstellen? Male die Möglichkeiten.

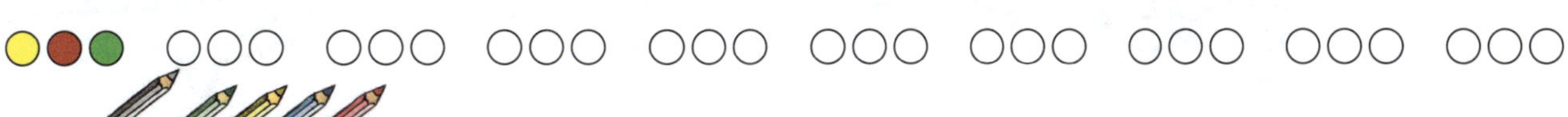

① Miss die Länge jeder Strecke. Notiere ihre Länge.

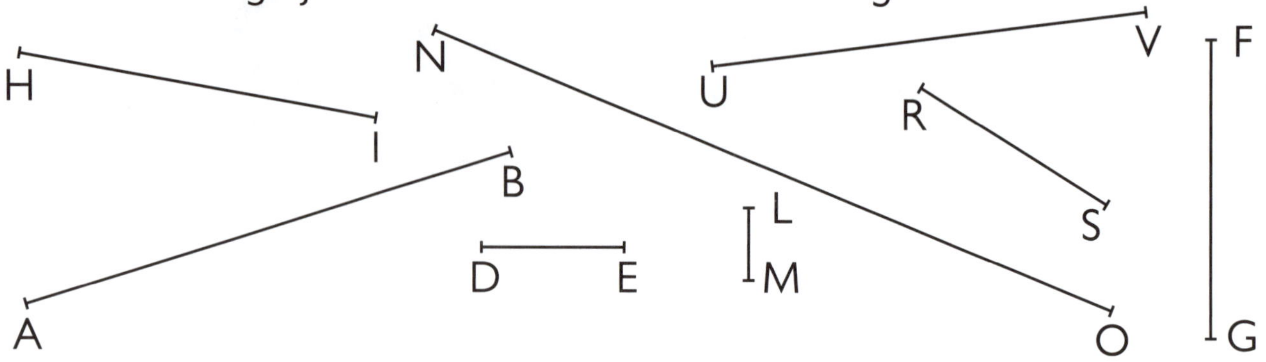

$\overline{AB}$ = ___ cm $\overline{FG}$ = ___ cm $\overline{LM}$ = ___ cm $\overline{RS}$ = ___ cm

$\overline{DE}$ = ___ cm $\overline{HI}$ = ___ cm $\overline{NO}$ = ___ cm $\overline{UV}$ = ___ cm

② Vergleiche.

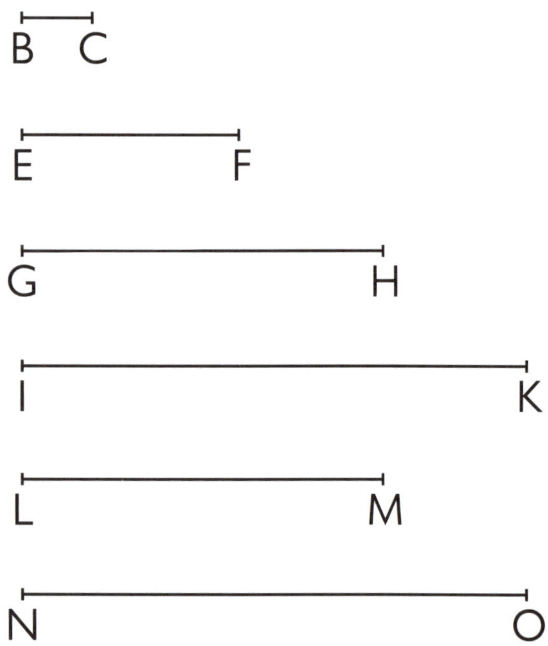

$\overline{BC}$ ist kürzer als $\overline{EF}$, $\overline{GH}$, ________ .

$\overline{EF}$ ist kürzer als ________ .

$\overline{EF}$ ist länger als ________ .

$\overline{GH}$ ist länger als ________ .

$\overline{LM}$ ist genauso lang wie ________ .

$\overline{IK}$ ist genauso lang wie ________ .

③ Welcher Hund hat den kürzesten Weg zum Knochen?

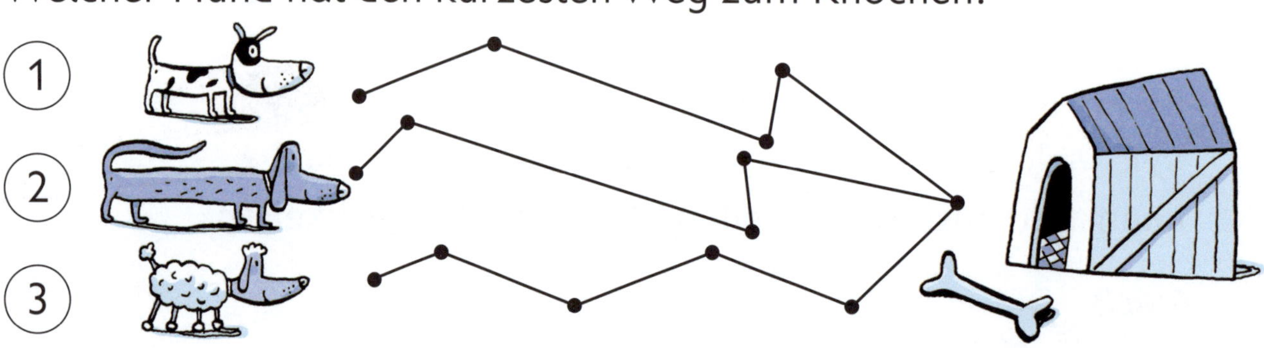

① Färbe. 3 cm lange Strecke = blau
4 cm lange Strecke = gelb
5 cm lange Strecke = rot

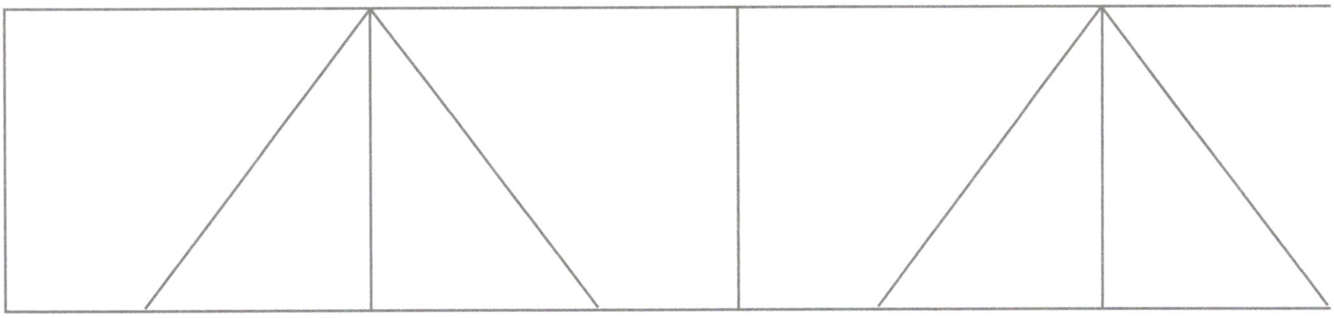

② Zeichne Strecken.

$\overline{AB}$ = 8 cm

$\overline{CD}$ = 6 cm

$\overline{EF}$ = 4 cm

$\overline{GH}$ = 2 cm

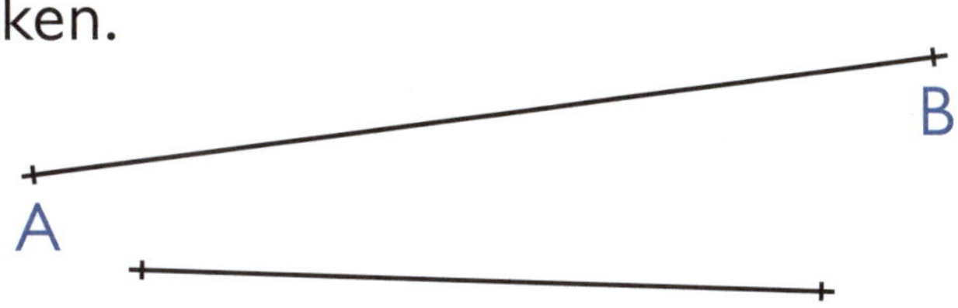

③ Rechne und zeichne Strecken.

3 cm + 4 cm	$\overline{CD}$ = 7 cm
5 cm + 3 cm	$\overline{FG}$ = ___ cm
4 cm + 4 cm	$\overline{KL}$ = ___ cm
7 cm + 3 cm	$\overline{NO}$ = ___ cm

④ Zeichne eine Strecke $\overline{EF}$, die doppelt so lang ist wie die Strecke $\overline{AB}$.
Zeichne eine Strecke $\overline{MN}$, die halb so lang ist wie die Strecke $\overline{CD}$.

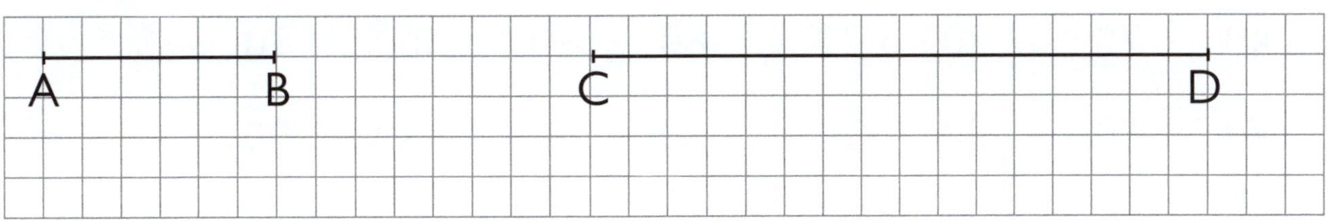

Zehnerzahlen bis 100

①

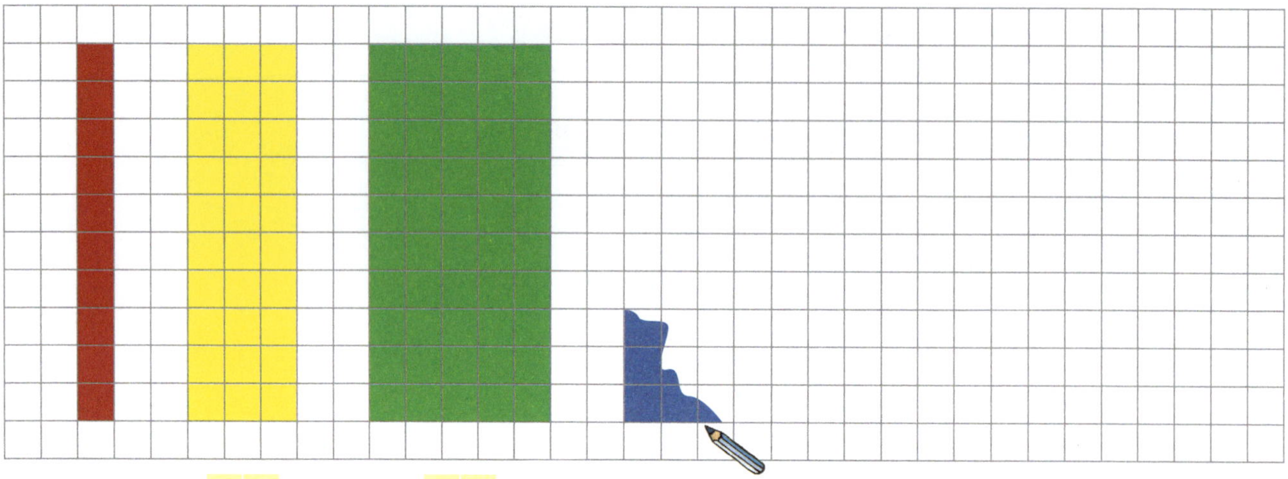

10   ☐☐   ☐☐   40   70   20

②

☐☐ ct   ☐☐ ct   ☐☐ ct   ☐☐ €   ☐☐ €

③

0   10   ☐☐   ☐☐   40   ☐☐   ☐☐   ☐☐   80   ☐☐   100

④ Ordne. Beginne mit der größten Zahl.

☐☐☐ ☐☐ ☐☐ ☐☐ ☐☐ ☐☐ ☐☐

⑤ Vergleiche: <, =, >.

4 ◯ 7	3 ◯ 3	8 ◯ 2	10 ◯ 9	7 ◯ 7
40 ◯ 70	30 ◯ 30	80 ◯ 20	100 ◯ 90	☐☐ ◯ ☐☐
70 ◯ 50	80 ◯ 20	60 ◯ 60	30 ◯ 80	☐☐ < 30
50 ◯ 40	10 ◯ 50	90 ◯ 70	100 ◯ 50	☐☐ > 40

1: Zehnerzahl dem Streifen zuordnen; Streifen den Zehnerzahlen zuordnen 2: Geldwert zuordnen 3: Fehlende Zahlen antragen
4: Nach Vorschrift ordnen 5: Zahlen vergleichen

LB ▶ 116–118 TÜ ▶ 59

1

6 + 2 = ___	8 + 1 = ___	10 − 5 = ___	8 − 5 = ___
60 + 20 = ___	80 + 10 = ___	100 − 50 = ___	80 − 50 = ___
5 + 3 = ___	4 + 4 = ___	6 − 3 = ___	7 − 4 = ___
50 + 30 = ___	40 + 40 = ___	60 − 30 = ___	70 − 40 = ___

2

Rechenmauer 1:
- oben: ___
- Mitte: 30 | ___
- unten: 10 | ___ | 40

Rechenmauer 2:
- oben: 100
- Mitte: ___ | 60
- unten: 20 | ___ | ___

Rechenmauer 3:
- oben: 80
- Mitte: 50 | ___
- unten: 20 | ___ | ___

Rechenmauer 4:
- oben: ___
- Mitte: 20 | 50
- unten: 10 | ___ | ___

3

+	10	30	20	40	50
20					
40					

−	10	30	0	50	70
70					
90					

○
50 70 40 50
60 90 60 10
70 30 80 60
40 0 20 90
80 60 20 40
70 90 60 20
70 20 30 40
40 30 0 40

□
10 40 50 30
100 20 20 0
30 60 20 30

4

Rechenmauer 1:
- oben: 100
- 50 | ___
- 30 | ___ | ___
- unten: 10 | ___ | ___ | ___

Rechenmauer 2:
- oben: ___
- ___ | ___
- 40 | 20 | ___
- unten: ___ | 10 | ___ | 10

5 Verdopple und halbiere.

Zahl	20	10	30		
Das Doppelte				100	80

Zahl	80	60	100		
Die Hälfte				20	30

6 Vergleiche die Hälfte von 80 mit dem Doppelten von 20. Welches Zeichen kannst du einsetzen: <, =, >?

Die Hälfte von 80		Das Doppelte von 20
___	○	___

7 Bilde mit den Zahlen 30, 70 und 100 eine Aufgabenfamilie.

___ ○ ___ = ___ ___ ○ ___ = ___
___ ○ ___ = ___ ___ ○ ___ = ___

4 Aufgaben sind eine Familie.
2 Aufgaben mit +.
2 Aufgaben mit −.

①

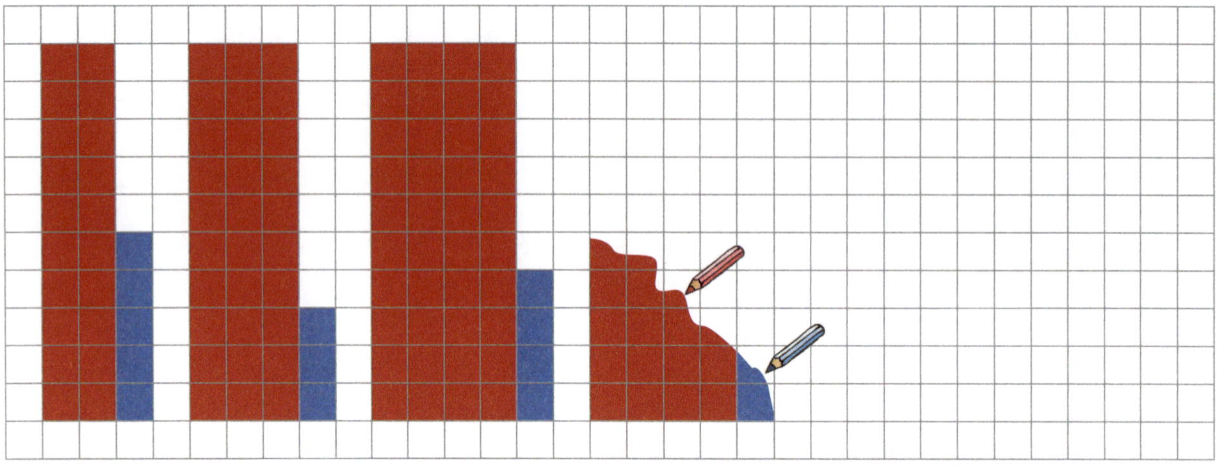

Z	E		Z	E		Z	E		Z	E		Z	E
2	5								4	6			

25 ___ ___ ___ 68

② Ergänze.

Zahl	Z	E
54	5	4
65		
73		
85		
97		

Zahl	Z	E
23	2	3
	7	2
	9	1
	5	0
	3	9

Zahl	Z	E
	3	7
26		
	5	1
70		
	1	3

③ Trage die fehlenden Zahlen ein.

0 ___ ___ 20 ___ ___ 40 ___ 50 ___ ___ 80 ___ 100

④

25 = 20 + 5	85 = ___ + ___	___ = 20 + 7
33 = 30 + ___	72 = ___ + ___	___ = 40 + 4
54 = 50 + ___	64 = ___ + ___	___ = 30 + 6
43 = ___ + ___	88 = ___ + ___	___ = 50 + 2
29 = ___ + ___	97 = ___ + ___	___ = 30 + 5

1: Zahlen den Streifen zuordnen, Streifen zu den Zahlen malen 2: Zahlen in Zehner und Einer zerlegen 3: Zahlen antragen
4: Zahlen in Summen aus Zehner und Einer zerlegen
LB ▶ 120–121 TÜ ▶ 61–62

1	2	3	4	5	6	7	8	9	10
11									
21									30
31									
41									50
				55					
				65					70
				75					
				85					90
				95					

(1) Trage alle Zahlen bis 100 in die Hundertertafel ein.

(2) Schreibe alle Zahlen auf:

– die über der 64 stehen:

– die unter der 64 stehen:

– die rechts von der 64 stehen:

– die links von der 64 stehen:

(3) Färbe die Kästchen mit folgenden Zahlen rot.

23, 28, 33, 54, 38, 43, 55, 48, 53,
56, 58, 63, 68, 73, 78, 57, 83, 88

Welchen Buchstaben entdeckst du?
Schreibe ihn auf.

(4) Setze mit einem Spielstein und schreibe alle Zahlen auf.
In welche Richtung hast du gesetzt? →, ←, ↑, ↓

31 32 33 … 40 →

60 59 58 … 51

10 20 30 … 100

95 85 75 … 5

5 Welche Zahlen liegen zwischen

35 und 40? ______________

89 und 95? ______________

6

V	Z	N
	59	
	31	
	70	

1 und 2: Aufbau der Hundertertafel erfassen; Zahlen eintragen; Zahlen entsprechend der Angabe benennen 3: Zahlen finden und Kästchen färben; Buchstaben erkennen 4: Folge vervollständigen; Richtung angeben 5: Zahlen angeben 6: Vorgänger und Nachfolger bestimmen

LB 120–121 TÜ 61–62

Lieblingsfarbe – Lieblingszahl – Lieblingstier

Frage die Kinder deiner Klasse und fertige dazu eine Strichliste an.

① Welche Farbe ist deine Lieblingsfarbe?

Farbe						
Anzahl der Kinder						

Welche Farbe wurde am häufigsten genannt? Die Farbe ______ .
Wie viele Kinder haben diese Farbe genannt? ☐ Kinder.

Welche Farbe wurde am wenigsten genannt? Die Farbe ______ .
Wie viele Kinder haben diese Farbe genannt? ☐ Kinder.

Welche Farbe wurde von keinem Kind genannt? Die Farbe ______ .

② Welche der Zahlen 1 bis 10 ist deine Lieblingszahl?

Zahl	1	2	3	4	5	6	7	8	9	10
Anzahl der Kinder										

Welche Zahl ist die Lieblingszahl der meisten Kinder? Die Zahl ☐

Welche Zahl ist die Lieblingszahl der wenigsten Kinder?
Die Zahl ☐

Welche Zahl wurde von keinem Kind als Lieblingszahl genannt?
Die Zahl ☐

③ Welches dieser Tiere ist dein Lieblingstier?

Tier					
Anzahl der Kinder					

Welches Tier ist Lieblingstier der meisten Kinder? ______________

Welches Tier haben die wenigsten Kinder genannt? ______________

1 bis 3: Befragungen durchführen; Strichlisten führen, Auswertung von Daten

LB ▶ 122

① In der Tabelle siehst du alle Arbeitsgemeinschaften einer Schule.

Arbeitsgemeinschaft	Töpfern	Malen	Musizieren	Turnen
Mädchen	13	8	12	20
Jungen	7	9	6	10

Welche Arbeitsgemeinschaft hat die meisten Teilnehmer?
Arbeitsgemeinschaft: ____________________ . Sie hat ☐☐ Teilnehmer.

Welche Arbeitsgemeinschaft hat die wenigsten Teilnehmer?
Arbeitsgemeinschaft: ____________________ . Sie hat ☐☐ Teilnehmer.

Wahr (w) oder fasch (f)? Kreuze an.

Zum Turnen gehen doppelt so viele Mädchen wie Jungen. (w) (f)

Beim Töpfern sind 4 Mädchen mehr als Jungen. (w) (f)

Es musizieren nur halb so viele Jungen wie Mädchen. (w) (f)

② Max und Lisa haben gewürfelt und dabei eine Strichliste geführt.

Augenzahl	⚀	⚁	⚂	⚃	⚄	⚅
Max	II	IIII	III	IIII	IIII IIII II	IIII
Lisa	IIII	III	IIII	II	IIII I	IIII IIII

Wievielmal hat jeder gewürfelt? Max: ☐☐ Lisa: ☐☐

Welche Augenzahl wurde am häufigsten gewürfelt? bei Max: ☐☐ bei Lisa: ☐☐

Wahr (w) oder fasch (f)? Kreuze an.

Max hat die ⚄ doppelt so oft gewürfelt wie Lisa. (w) (f)

Lisa hat die ⚂ häufiger gewürfelt als Max. (w) (f)

Lisa hat die ⚅ weniger gewürfelt als Max. (w) (f)

1 und 2: Zahlen/Anzahlen der Tabellen entsprechend der Fragestellung auswerten

1 Immer 100 ct = 1 €. Kreise ein.

2 Wie viel Cent sind es?

ct	ct	ct	ct	ct

3 Lege und male.

60 ct	80 ct	53 ct	68 ct	1 €

4

Maria kauft:	70 ct 	Anna kauft:	80 ct 	Tom kauft:	60 ct 
Sie gibt:		Sie gibt:		Er gibt:	

Sie erhält ct zurück.

Sie erhält ct zurück.

Er erhält ct zurück.

1: Geeignete Münzen zum Geldbetrag von 100 ct =1 € zusammenfassen 2: Geldbetrag bestimmen 3: Gegebenen Geldbetrag legen und zeichnen
4: Differenz/Summe der Geldbeträge ermitteln

LB 125 TÜ 63

1

€

€

€

2 Lege und trage die Anzahl der Scheine und Münzen ein.

Betrag	50	20	10	5	2 EURO	1 EURO
35 €						
90 €						
71 €						
52 €						
46 €						

3 Welche Karten gehören zusammen? Färbe in der gleichen Farbe.

10 ct | 1 € | 50 ct − 30 ct | 10 € | 40 ct + 60 ct | 9 € − 8 €

90 € | 20 ct + 40 ct | 70 € + 30 € | 80 ct − 70 ct | 20 ct

50 € + 40 € | 90 € − 80 € | 90 € − 30 € | 60 ct | 60 € | 100 ct

4 Rechne und vergleiche: <, =, >.

20 €		10 € + 20 €	20 € + 50 €		60 € + 10 €
50 €		30 € + 30 €	60 ct + 30 ct		60 € + 30 €
80 ct		50 ct + 50 ct	90 € − 50 €		50 € + 10 €
1 €		60 ct + 40 ct	30 ct + 30 ct		30 ct − 30 ct

5 Ben hat 13 €. Er gibt Tom 4 €. Nun haben beide gleich viel Geld.
Wie viel Euro hatte Tom vorher?

1: Geldbetrag berechnen 2: Gegebenen Geldbetrag in Münzen und Scheine zerlegen; verschiedene Möglichkeiten erörtern 3: Zuordnen gleicher Geldbeträge
4: Summe/Differenzen ermitteln, vergleichen, Relationszeichen setzten 5: Inhalt erfassen; Aufgabe finden und lösen

LB ▶ 125 TÜ ▶ 63

1 Lies die Uhrzeit ab.

Uhr	Uhr	Uhr	Uhr	Uhr
Uhr	Uhr	Uhr	Uhr	Uhr

Uhr	Uhr	Uhr	Uhr	Uhr
Uhr	Uhr	Uhr	Uhr	Uhr

2 Trage die Zeiger ein.

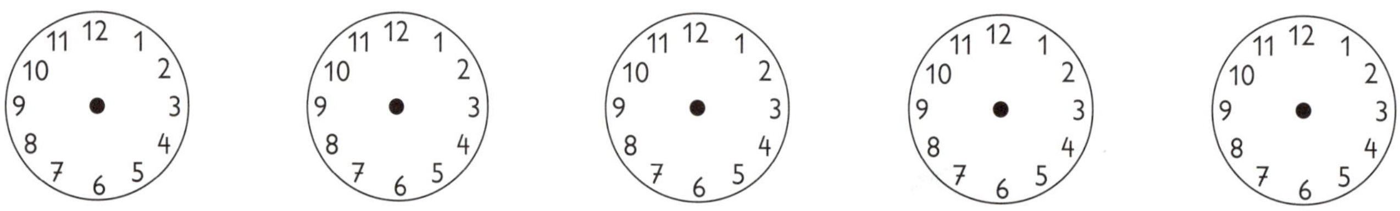

1 Uhr	3 Uhr	6 Uhr	8 Uhr	10 Uhr
13 Uhr	15 Uhr	18 Uhr	20 Uhr	22 Uhr

3 Ordne zu.

1: Ablesen und Einstellen der Uhrzeit 2: Zuordnen des täglichen Ablaufs

LB ▶ 126–127 TÜ ▶ 64